그리고 그리는 기행

일러두기

저자 고유의 글맛을 살리기 위해 표기와 어법은 저자의 방식을 따랐습니다.
본문에 나오는 작품과 사진은 저자가 직접 작업한 사진과 그림임을 알려드립니다.

소박하고 무해하게
하루를 지내는 방법

그리고
그리는 기행

유혜경 지음

시작하며

출판사와 연재를 기획할 당시 꼭지에 대한 논의를 하면서 고민이 많았는데 사실 매 달 글을 쓸 자신이 없던 이유가 더 컸다. 그러나 내 작품의 근원으로 작동하던 자연과 이를 소요하는 인간과의 관계에서 원림 또는 별서의 공간심리가 작업으로 들어오기 때문에 〈그리고 그리는 기행〉 연재는 이에 대한 체험을 위한 최적의 선택이었다. 또 자연 속에 있는 어느 장소를 가던지 시나 글이 떠오르면서 뭔가 끄적거리고 싶어 하던 기억도 났다. 그래서 작업을 위한 스케치 여행과 글감 수집이라는 두 마리의 토끼를 한 번에 잡으리라 생각하고, 내가 맡은 꼭지에 '그리고 그리는 기행'이라고 이름 지었다.

그 후 이곳 저곳을 탐색하고 떠났다 돌아오기를 반복하면서 때로는 문자로 수다를 떨고 사진과 스케치도 함께 하며 돌아다녔다. 원래는 별서정원이나 원림 탐방이 목적이었지만 2년 넘는 시간동안 글을 쓰고 돌아보니 자연이 있고 몸과 마음을 잠시라도 놓을 수 있는 곳이 나의 목적지였던 것 같다.

지금까지 그림을 그리고 글을 쓰고 많은 일을 해나가는데 항상 힘이 되어준 나의 영원한 키다리 아저씨 남편과 세 아이에게 감사와 깊은 사랑을 전한다. 그리고 이 글을 쓰고 책을 만들기까지 기획이 잘 진행되도록 지원해주신 큐아트콘텐츠 출판사와 박주인대표님께 심심한 감사를 드리는 바이다. 또 이 책이 나오기까지 많은 도움을 주신 분들과 제자들에게도 고마움을 전한다.

모쪼록 이 책이 일상에서 잠시 벗어나고 싶은 사람들에게 든든한 동행이 되었으면 하는 바람이다.

목차

1장

2장

3장

1장

차원으로
이동하는 문
설악산

풍경을 그리는 작가에게 장소를 둘러보는 일은 중요하다. 특히 풍경과 더불어 사람의 기억이 기록된 장소는 참으로 좋은 그림꺼리가 된다. 2010년 현실의 여건 때문에 갈 수 없으니 내가 사는 공간 안에 자연을 상징하는 가산(假山)을 들여놓고 즐기자는 생각으로 그리기 시작한 '유쾌한 산수'는 실제 공간 안에 거대한 산을 그려 넣고 암벽등반이나 현대의 레저를 하는 수많은 사람들을 그린 퓨전 산수화였다. 이 시리즈는 일상의 굴레 안에서 현실 속 이상향 즉 헤테로토피아를 지향하는 바람을 화면에 담은 것이었다. 화가로 살다 보면 직접적인 현실 문제에 맞닥뜨릴 때가 종종 생긴다. 화가들은 지극히 사적이고도 주관적인 시선을 사각의 틀 안에 꾸덕한 염료로 문지르면서 관람자의 공감을 이끌어내고자 하는데, 실제 전시현장에서는 열심히 작업한 작품을 대중에게 선보이는 것만으로 만족해야 할 때가 대부분이다. 그래서 다수의 화가들은 2개 이상의 일을 하며 물감이나 화판 등 재료비와 작업 활동비를 충당한다.

직업 화가로 활동한지 여러 해, 계속 작업실에만 머물며 그림을 그리다 보면 불현듯 자기복제를 하고 있는 자신의 모습을 발견하게 된다. 어쩌면 그림이 담고 있는 대주제가 같기 때문일 수도 있겠지만 내 경우는 현장 답사의 결여가 큰 이유로 작동한다. 그래서 항상 스스로의 작업 루틴에 대해 경계하고 시간 날 때마다 되도록 밖에 나가 많이 보고 걸으면서 사생하려고 노력한다. 그리하여 스케치 한 것을 바탕으로 그리면서 이에 작가의 자의적 상상을 더한다. 이번 겨울에는 유독 눈이 많이 오고 맵게 추워서 풍경 드로잉을 하러 나가기 어려웠다. 생각해 보면 얼마 전까지만 해도 눈이 오면 더 들뜬 마음으로 아이젠을 끼고 헉헉대며 산을 오르고 바람이 강제로 넘기는 책장을 부여잡고 그림을 그리곤 했는데 말이다.

설악산은 내 작품 활동에 있어 전환점을 마련해 준 곳이다. 설악산을 그리기 이전에는 관념산수화 작업으로서 실제 풍경을 원·명대의 청록산수화처럼 그리고자 했고 그와 같은 이미지를 찾기 위해 중국 곳곳의 산을 찾아 꽤 많은 작품을 그렸다. 그러다가 몇 년 전부터는 국내의 산을 오르고 또 돌아보기 시작했다. 그 시초가 설악산이고 중심 또한 설악산의 여러 장소 드로잉이다. 설악산의 울산바위는 대표적인 명소면서 수많은 화가들의 그림 주제가 되는 곳이다. 특히 울산바위의 풍광은 계절과 시간에 따라 대자연의 신비함과 웅장함을 자아내어 어느 때에 가도 그지없는 시간을 선물해 준다. 울산바위를 정면으로 조망하기 위해서는 화암사 입구에서 왼쪽 등산로를 통해 올라가야 한다. 이 코스는 겨울이나 이른 초봄, 새싹이 막 움트는 시기에 가면 가녀린 살밑으로 드러나

울산바위

는 산의 골격을 볼 수 있고 또 산과 깊이 교감할 수 있다. 발목까지 푹푹 빠지는 눈을 밟으면서 나는 뽀득뽀득 소리와 더불어 마른 가지를 스치며 휘도는 바람 소리가 내는 자연의 소리가 화첩을 열기도 전에 이미 화흥(畵興)을 돋운다. 울산바위를 가장 잘 볼 수 있는 포인트로 가려면 등산 시작부터 약 15분 정도 지점에서 너른 바위들이 위태롭게 쌓인 곳으로 이동해야 한다. 그곳으로 가는 입구가 관목 숲으로 가려져 있어 자칫 못 보고 화암사 경내를 향하는 길로 쭈욱 걷게 될 수도 있다. 그러니 사전에 거리를 잘 계산하거나 산을 오르는 사람들을 잘 보고 눈치껏 입구를 찾아야 한다. 그저 관목 숲으로만 보이지만 나무 몇 그루를 지나 펼쳐지는 광경이 숨이 막히게 아름다워 말문 또한 닫게 만든다. 마치 차원으로 통하는 문을 지난 것과 같이...

설악산으로 향하는 길은 여러 개가 있다. 내가 특히 좋아하는 길은 강원도 인제군 용대리를 지나 미시령휴게소로 오르고 내려가는 길이다. 이른 아침에 길을 떠나 11시쯤 진부령과 미시령으로 갈라지는 용대리의 매바위 근처를 지날 때면 항상 보는 광경이 있다. 특히 겨울에는 매바위에 거대한 빙벽이 만들어져 클라이밍을 하는 많은 사람들을 발견한다. 내 작품에 등장하는 인물들이 바로 이 이미지로부터 나온 것이다. 살을 에는 찬바람 속에서 한 줄 밧줄에 의지한 채 거친 숨을 몰아쉬며 위태롭게 오르는 사람들과 밑에서 팽팽하게 줄을 잡고 함성으로 격려하는 사람들의 모습을 보며 화가는 나 또는 익명의 누군가가 살고 있는 보편의 현실을 상징하는 모습일 수도 있겠다고 생각하며 이를 작가적 상상으로 화면에 구현한다.

예로부터 찬바람 때문에 황태덕장이 많은 용대리 근처에는 황태로 만든 음식이 유명하다. 그 가운데서도 특히 나의 최애 음식은 황태를 들기름으로 달달 볶아 끓인 뿌연 황태국이다. 군부대 밀집 지역인 원통 시내에서 황태정식 단일 메뉴만 취급하는 작은 식당에서 먹는 황태양념구이와 무제한으로 리필해주는 황태국은 보약이라고 해도 무방하다.

설악산에는 수많은 명소가 있지만 등산 초보도 쉽게 가서 절경을 즐길 수 있는 주전골 계곡이 또 압권이다. 여느 풍경과 다를 바 없는 길을 따라 잠시 걷다 보면 어느덧 설악의 품으로 들어가 눈을 들어 어느 곳을 봐도 기암절벽인 선경(仙境)이 펼쳐진다. 3.2㎞에 걸친 주전골 탐방로는

인제군 용대리 매바위 암벽등반

계곡 양옆으로 기암이 우뚝 솟은 길로, 입구인 오색약수탐방지원센터에서 성국사와 선녀탕을 거쳐 용소폭포탐방지원센터에 이른다. 편도 1시간 코스인 이 길은 평탄한 나무 데크 구간이 많고 길이 험하지 않아 남녀노소 편하게 걸을 수 있다. 사람들이 걷기 편하게 만든 데크 밑으로는 맑고 투명한 계곡물이 졸졸 흐르다가 때로는 작은 폭포와 소(沼)를 이뤄 발길을 머물게 한다. 주전골 계곡은 왕복 2시간 남짓한 비교적 쉬운 트레킹 코스다. 그러니 물 한 병만 들고 가벼운 운동화 차림으로 대자연을 접하고 싶다면 꼭 가보기를 추천한다. 옛날에 승려로 위장한 도둑들이 위조 엽전을 만들어 '주전골'이라 지었다는 이곳은 걷는 내내 고래바위,

설악산 주전골계곡

상투바위, 부부바위 등 각종 기암괴석이 나타나고, 선녀탕, 금강문, 용소폭포 등 남설악의 각종 명소가 가득하다. 여담이지만 등산 후 계곡입구에서 탄산과 철분이 들어가 톡 쏘는 맛이 나는 오색약수를 맛보고 주차장으로 가는 길 오른편에 있는 산채 비빔밥에 막걸리 두어 잔을 함께 즐기고 불콰해진 눈으로 세상을 보면 더 이상 부러울 것이 없어진다.

설악산에서 스케치하기 좋은 곳 가운데에는 '권금성(權金城)'이 있다. 권금성은 강원도 속초시의 서쪽 설악산국립공원 내의 외설악에 위치한 석성이다. 이곳은 일명 설악산성(雪嶽山城)이라고도 하는데, 현재 성벽은 기의 허물어졌으며 터만 남아 있다. 이 산성은 설악산의 주봉인 대청봉에서 북쪽으로 뻗은 화채능선 정상부와 북쪽 산 끝을 에워싸고 있는 천연의 암벽 요새지이다. 전설에 따르면 권씨와 김씨 두 장사가 난을 당하자 가족들을 산으로 피신시키고, 적들과 싸우기 위해 하룻밤 만에 성을 쌓았다고 한다. 해발 700m의 권금성을 가려면 설악케이블카를 타고 5분이면 정상에서 백두대간의 장쾌한 능선과 동해바다 속초시의 경관을 만끽할 수 있다. 만약 케이블카 대기시간이 길다면 인근에 있는 신흥사를 가서 절의 전각과 어우러지는 설악의 기암괴석을 감상하는 것도 추천한다.

> 권금성의 정확한 초축연대는 확인할 수 없으나, 『신증동국여지승람』에는 권금성이라 하고 권(權)·김(金)의 두 가지 성을 가진 사람들이 이곳에서 난리를 피하였으므로 붙여진 이름이라는 전설을 소개하고 있다. 한편, 『낙산사기』를 인용하여 고려 말 몽고가 침입했을 때에 인근 주민들이 이곳에 성을 쌓고 피란했다고 설명하고 있음에서 고려 말기 이전부터 존속해오던 산성임을 알 수 있다. 성의 대부분은 자연암벽을 이용하고 일부는 할석으로 쌓았는데, 인근의 토왕성(土王城)과 규모가 비슷하다. 좌우로 작은 계곡을 이루며 물이 흐르므로 입보농성(入保籠城)에 알맞은 산성이다. 그러나 너무 높은 위치여서 오르내리기에 큰 힘이 들었으므로 조선 시대 이후로는 차츰 퇴락하여 지금은 흔적만 남아 있다. 그러나 성의 좌우 골짜기에 경관이 좋은 토왕성폭포 등이 있고 케이블카가 설치되어 있어 쉽게 오를 수 있는 관광지로 개발되어 있다.
>
> -권금성 權金城 (한국민족문화대백과, 한국학중앙연구원)[1]-

케이블카 상부정류장에서 권금성 정상까지는 약 10분 정도의 가벼운 산책이 소요된다. 설악산 권금성 정상에서는 공룡능선, 만물상과 나한봉 등 설악산의 장엄한 풍광을 마주할 수 있다. 이곳에서는 참 신기하게

---

1) 『한국민족문화대백과』, 한국학중앙연구원

도 그렇게 많은 사람들과 함께 올랐지만 생각보다 자신에게 침잠할 수 있는 여유와 사색이 쉽게 이루어진다. 어쩌면 시선을 어디에 둬도 다 마땅하기 때문이 아닐까!

새해가 시작한 지 얼마 되지 않았는데 벌써 3월이다. 3월은 간질간질 생명이 움트기 시작하는 시기이고 또한 우리들도 무엇인가를 시도하기 좋은 시기이다. 그러니 우리 모두 최선을 다해 건강하기를 바래 본다. 결실을 맺든 아니든 그 과정의 찬란함을 알기 때문에!

유혜경, 차원으로 이동하는 문 , 41×30cm, 장지에 채색, 2025

그림자도
쉬어가는 정자
식영정

화가의 작업실이라는 공간은 언뜻 낭만적으로 보이지만 사실 외로움과 창작을 위한 몸부림으로 점철된 공간이라 할 수 있다. 특히 밤 12시가 넘어가면 온종일 틀어놨던 음악이나 라디오도 점점 듣기가 버거워진다. 그래서 필자는 OTT서비스를 통해 지난 드라마를 다시 보기로 틀어놓고 이를 청취하며 화판에 눈을 고정한 채 부지런히 손을 움직인다. 이건 마치 내가 붓인지 붓이 나인지 모를 모호한 경계...즉 물아일체를 경험 한다고나 할까. 요즘 내가 작업하며 함께 하는 드라마는 2020년 2월부터 4월까지 방영되었던 16부작 〈날씨가 좋으면 찾아가겠어요〉다.

2020년 2월 4일 아침 비행기로 중국 산시성에 위치한 화산(華山)에 혼자 열흘 동안 스케치 여행을 떠날 예정이었다. 하지만 연초부터 심상치 않던 역병의 기운이 결국 팬데믹으로 이어져 그 후 3년 동안 조마조마한 나날들을 보냈다. 그렇게 모든 것이 멈춰버린 그 즈음 종편에서 방영된 16부작 드라마 〈날씨가 좋으면 찾아가겠어요〉는 따뜻한 위로가 되었었다. 이 드라마는 서울 생활에 지쳐 시골로 내려간 주인공 해원과 시골에서 작은 독립서점인 '굿나잇 책방'을 운영하는 어린 시절 친구 은섭 그리고 주변 인물들이 함께 펼치는 따뜻한 힐링 드라마이다. 극중 어린이부터 중학생, 조명가게 아저씨, 식당 아주머니, 시청공무원, 할아버지 등 다양한 세대가 함께하는 '굿나잇 독서모임'은 유독 나의 마음이 가는 부분이었다. 이 모임의 최연소 회원인 승호는 폐지를 줍는 할아버지와 함께 사는 해맑은 친구이다. 승호는 겨울에 어울리는 소설이나 시를 이야기로 나누는 독서 모임 날, 아놀드 로벨이 글과 그림을 그린 우화 『집에 있는 부엉이』의 첫 번째 이야기인 '손님'을 읽어준다.

> 부엉이가 집에 있어요. 부엉이가 말했어요.
> "여기 난로 옆에 앉아 있으니 정말 기분이 좋구나.
> 바깥은 몹시 춥고 눈이 내리고 있는데,"
> 그때 누군가 부엉이 집 문을 두드렸어요. 늙고 가엾은 겨울이었지요.
> 부엉이는 생각했어요. '좋아! 난 친절하니까 겨울을 들어오게 해야겠다.'
> "겨울 씨 어서 들어와요. 잠깐 들어와서 몸을 좀 녹여요."
> 겨울이 집안으로 들어왔어요. 아주 재빨리 들어왔지요.
> 차가운 바람이 부엉이를 벽 쪽으로 확 밀었어요.
> 겨울은 방안을 빙빙 돌았어요. 그리고 난롯불을 확 불어 꺼버렸지요.
> ...... "겨울 씨! 당신은 손님이에요. 이렇게 행동하면 안 되죠!"
>
> \- 아놀드 로벨, 『집에 있는 부엉이』[1], 손님中-

이야기 속 '집에 있는 부엉이'는 예술가적인 면모가 다분한 착한 친구이다. 겨울밤 추위에 떠는 가엾은 겨울 씨를 집으로 초대해서 한바탕 소

1) 아놀드 로벨, 『집에 있는 부엉이』, 비룡소, 2018.

동이 벌어지기도 하고, 위층과 아래층이 궁금해 위아래로 내달리다가 마침내 위층과 아래층의 가운데인 열 번째 계단에 앉아 쉬는 등 부엉이의 생활이 재미있게 그려져 있다.

새해가 시작한 지 벌써 한 달이 다 되어가고 있는데 나는 아직도 새해를 맞이하지 못하고 있다. 지난 학기 종강 무렵부터 시작된 몸의 이상 증세 때문에 여러 병원에서 다양한 치료와 보살핌을 받고 이제야 서서히 회복하고 있기 때문이다. 지난 2년여 동안 마치 워커홀릭처럼 일을 수집하고 또 모자란 부분을 들키지 않기 위해 잘하려고 애쓰다 보니 기어이 병인 난 것이다. 아마도 파이팅이 버릇된 게 분명하다. 사실 창작을 하는 작가의 입장에서는 비워지는 것 이상으로 채우면서 살아야 한다. 잠시 내려놓고 좀 더디 걸으면 될 텐데 그게 참 쉽지 않다. 비단 작가뿐이겠는가. 이러한 채움은 깊은 심심함으로부터 비롯할 수 있다. 발터 벤야민은 이와 같은 깊은 심심함을 "경험의 알을 품고 있는 꿈의 새"라고 한다. 이는 정신적 이완의 필요에 대한 역설이라 하겠다. 그러나 바쁜 현대인의 일상에 이러한 꿈의 새가 깃드는 이완의 시간이 자리하기란 참 어려워 보인다. 잠시 쉬는 동안에도 문자나 전화 확인을 하다 보면 아주 잠깐 SNS 등 외부 소식을 알기 위해 연 전화기의 알고리즘이 독자의 멱살을 잡고 여기저기를 마구 헤집고 다닌다. 나는 개인적으로 이를 가끔 즐기기도 하지만 철학자 한병철은 그의 저서인 『피로 사회』를 통해 '무엇보다도 깊은 심심함이라는 재능을 잃은 것은 크나큰 상실이 아닐 수 없다.'[2]고 전한다. 한편 동양의 철학자 장자(莊子)는 현대인에게 질주불휴(疾走不休) 고사(古事)를 통해 몸과 마음이 탈진하게 되는 번아웃 신드롬(Burn-out syndrome)에 대해 다음과 같은 조언을 한다.

> 제 그림자가 두렵고 발자국이 싫어 그것들을 떼어 내려고 달리고 달렸다는 사람이 있었소. 발을 들어 달릴수록 발자국 수가 많아져 그만큼 발자국 수가 늘고 달리고 달려 질주해도 그림자는 몸에서 떨어져 나가지 않았지요. 그래서 아직도 달리기가 늦다고 여겨 쉬지 않고 질주하다가 힘이 다해 죽고 말았답니다. 음지에 있어야 그림자가 사라지고 가만히 있어야 발자국이 없어진다는 것을 몰라 어리석음만 더하고 만 것이지요.
>
> -「장자」, 잡편 제31편 어부[3] -

자신의 달리기가 더디다 여겨 쉬지 않고 질주하다 그예 힘을 다해 죽은 사람, 그늘로 들어가 조용히 멈추어 발자국을 쉬게 하고 또 그림자도 쉬게 하면 될 것을 ……

장자는 우리에게 그림자로 치환된 세속의 욕망에서 벗어나 자신을 발견하고 근원으로 돌아가 완전한 쉼을 가져야 한다고 경계한다. 이를 조선시대의 선비들은 정자를 짓고 주변에 숲을 가꾸고 은거하여 쉼으로써 장자의 가르침을 실천했다.

---

2) 한병철, 『피로사회』, 문학과 지성사, 2013.

3) 윤재근, 『우화로 즐기는 장자』, 동학사, 2002.

식영정-정면

'그림자도 쉬어가는 정자' 식영정(息影亭)은 전남 담양 가사문학면에 위치한 정면 두 칸, 측면 두 칸의 팔작지붕 건축물이다. 이곳은 조선 중기 문인인 서하당 김성원이 1560년에 그의 장인이자 스승인 석천 임억령을 위하여 지은 별서원림으로, 정자 옆에는 송강 정철이 지은 성산별곡의 시비(詩碑)가 있다. 소쇄원 근방에 위치한 정자들 가운데서도 내가 가장 사랑하는 곳은 식영정이다. 이곳의 대청마루에 올라 쪽문 앞에서 바라본 풍광은 쪽문 자체가 족자가 되어 광주호의 윤슬과 유유자적한 백로의 모습이 한 폭의 그림이 된다. 이는 석천 임억령이 식영정 일대의 정경을 회화적으로 묘사한 식영정 20영 중 제 2영인 '창계백파' 즉 '푸른 시내 흰 물결'의 현존이라 할 수 있다. 후대 사람들이 이곳에서 잠시나마 몸과 마음을 온전히 내려놓고 그림자마저도 쉼을 즐길 수 있도록 한 석천의 따뜻한 마음이 느껴진다.

2019년 10월 나는 판교에 위치한 수하담 아트스페이스에서 진행된 개인전 〈산해경:상상여행〉에서 장자의 〈질주불휴〉를 모티브로 설치 작업을 선보였다. 이는 문학과 예술에 대한 심미적인 체험이나 상상력이 그 본질적인 차원에서 삶과 밀접한 관계가 있다는 점을 시사한다. 작품 〈질주불휴〉는 사람들을 개별화 시키고 고립시키는 고독인 현대사회의 분열적 피로에 대한 인식을 바탕으로 제작되었다. 이를 위해 사람 형상인 피규어를 약 1,000여 개 남짓 수작업으로 제작하여 6미터 높이에 수직으로 설치한 pc 파이프 150줄에 빼곡히 붙여 상위 지향의 욕망을 은유하였다. 작품을 설치하느라 난생처음 5미터 높이의 pt 비계에 올라가 7시간 동안 설치작업을 했는데 처음엔 몸이 떨릴 정도로 무서웠다가 시간이 지나니 꽤나 흥미로웠던 기억이 있다. 이 작품에서 필자가 가장 신경을 쓴 부분은 좌대에 설치한 양치식물이다. 양치식물은 관다발식물 중에서 꽃을 피우지 않고 포자로 번식하는 종류로써 잎은 존재하지만 종자식물과는 달리 씨가 없는 민꽃식물이다. 고생대에도 양치식물은 관다발 조직을 통해 뿌리로 흡수한 물을 끝까지 끌어 올릴 수 있었다. 그리고 장기간 광합성을 하며 혼자 생존할 수 있어 생장에 매우 유리한 구조라 할 수 있다. 이러한 점을 바탕으로 양치식물로 이루어진 작은 숲을 형상화하여 그곳을 현대인들의 긍정성 과잉이 자아를 새로운 궁지로 몰아가는 자기 마모의 일상에서, 그림자까지도 쉴 수 있도록 절대 자연을 구현하였다.

식영정-측면

드라마 〈날씨가 좋으면 찾아가겠어요〉 13회에서 폐지 줍는 일을 하시던 승호 할아버지가 갑자기 병원에 입원하신다. 혼자 남겨진 승호는 해원이네 호두하우스에서 잠시 지내게 되는데, 그곳에서 다시 『집에 있는 부엉이』의 세 번째 이야기인 '눈물차'에 대한 에피소드를 나누게 된다. 아이는 할아버지의 부재로 인한 두려움을, 눈물차를 마시기 위해 슬픈 기억들을 소환하며 준비하는 부엉이를 통해 마주하고 극복하고 있는 것으로 보인다.

"오늘 밤에는 눈물차를 마셔야겠어." 하고 부엉이는 말했어요.
부엉이는 슬픈 일들을 생각하기 시작했지요.
"읽을 수 없는 책들. 책에서 몇 장이 찢어졌거든."
"모두를 잠을 자는 바람에 아무도 보지 않는 아침들." 하면서 부엉이는 흐느꼈어요.
...... "차 맛이 좀 짭조름한걸. 하지만 언제나 눈물차는 최고야!"

- 아놀드 로벨, 『집에 있는 부엉이』, 눈물차中 -

질주해온 시간의 대가로 남은 생을 안온하게 보낼 수 있다면 그 질주는 결코 후회되지 않을 것이다. 하지만 대다수의 사람들은 대개 후회와 아쉬움을 느낀다. 그러나 경쟁사회에서 살아남기 위해 질주하면서도 한 가지 다행스러운 것은 숨이 턱까지 차올라 그늘에서 쉬는 동안 느끼는 감정이 사람들에게 거의 비슷하게 일어난다는 점이다. 이제 심리적이든 물리적이든 '그림자도 쉬어가는(息影)' 나만의 루틴 또는 모처를 마련할 때이다. 그래야 나의 깊은 심심함으로부터 비롯될 달콤한 내일을 잘 맞이할 테니 말이다.

유혜경, 산해경_상상여행 전시 전경

꿈여울에서
한가로이 거하는
무안 식영정

구글트렌드(google trend)에 따르면 '혼밥'이라는 단어가 인터넷상에 처음 등장한 시기는 생각보다 최근인 2014년 11월이라고 한다. 불가피하게 혼자 끼니를 때우는 '생존'의 이미지가 강하던 과거의 '혼밥'의 이미지는 이제 바쁜 생활 속에서 개인을 위해 소중하고 의미 있는 시간으로 그 의미가 변해가고 있다. 그래서인지 혼밥, 혼술, 혼공 등 혼자 무언가를 하는 것이 보편이 된 사회가 되었다.

나는 대가족으로 구성된 환경에서 자란 까닭에 무엇이든 누군가와 함께하는 것에 익숙했다. 그러다가 여고 졸업 후 큰 전환점을 맞게 된다. 어느 날 문득 주체적인 삶을 살기 위해서는 혼자 무언가를 해야 하고 그러려면 비교적 큰 용기를 내야 하는 첫걸음이 필요하다는 생각이 들었다. 그래서 많은 궁리 끝에 선택한 방법이 바로 '혼밥'이었다. 열여덟의 소녀는 사람이 많이 붐비는 강남고속터미널 식당에서 혼자 밥을 먹는 미션을 수행했고 이후 그녀의 인생은 그전과 그후로 나뉠 정도로 많은 것이 변했고, 나름의 주체적 삶을 살아가기 시작했다고 자부하며 두 번

무안 식영정

째 미션인 극장에서 홀로 영화 보기도 군더더기 없이 해내었다.

얼마 전 무안군오승우미술관 작품 운송팀이 2월 11일부터 5월 7일까지 진행되는 기획전 〈상실의 캡슐로서의 전통〉을 위한 작품들을 가져갔다. 사실 미술관 전시는 전문 인력들이 작품을 설치하고 진행하기 때문에 꼭 작가가 갈 필요는 없다. 하지만 작품 설치를 핑계로 나 홀로 여행을 계획했다. 큰 작품을 그리는 수개월에 대한 보상으로 마음껏 햇볕을 쬐고 또 원림을 천천히 걸으며 느릿한 시간을 즐기고 싶었기 때문이다. 그렇게 새벽에 시작한 나 홀로 여행은 다음날 영산강 유역에 위치한 무안 식영정과 느러지 전망대까지 이어졌다. 특히 이번 여행에서는 조선판 '하멜표류기' 《표해록》의 저자인 최부가 잠들어 있고 또 지난 호에 소개한 담양의 식영정과 같은 이름의 정자인 무안의 식영정이 있는 몽탄을 꼭 둘러보고 싶었다. 몽탄! 사람들이 사는 꿈여울(夢灘)이라니…얼마나 환상적인가.

전남 담양 가사문학면 소재의 식영정과 무안군 몽탄면의 식영정은 한자가 다르다. '그림자도 쉬어간다(息影)'는 뜻의 담양의 식영정과는 달리 무안의 식영정은 '영리추구를 그만둔다(息營)'는 의미를 지니고 있다. 식영정이 위치한 영산강은 담양의 용추계곡에서 발원하여 광주와 나주, 무안, 목포를 지나 서해로 흘러가기까지 지역에 따라 남포강, 금강, 곡강 등 여러 이름으로 바뀌 불린다. 무안의 식영정 앞을 흐르는 강은 지명을 따라 몽탄강으로, 'S'자로 굽이쳐 흐른다고 곡강이라고도 부른다. 몽탄의 아름다운 갈대밭이 바라보이는 강가 높은 절벽 위에 자리한 '식영정'은 한호 임연이 경오년(1630, 인조 8년) 가을에 영산강 강가의 산과 들이 어우러진 아름다운 곳을 손수 개척하여 가시나무를 베고 터를 닦아 지은 별서인 팔작지붕의 조선시대 건축물이다. 임연은 이곳을 "그윽하여 기운이 머무르고 물맛이 좋으며 땅은 비옥하여 가히 선비가 살만한 곳"이라고 하였다. 또 '유거' 즉 속세를 떠나 그윽하고도 외딴곳에 묻혀 삶'에 적당하니 그 이름을 '식영당'이라 정하였다. 이후 식영당은 많은 시인 묵객들이 찾는 곳이 되었고 학문 중심지로서 인문적 측면에서 영산강 유역의 대표 정자라 할 수 있다.

전날 무안오승우미술관 박현화 관장님이 안내해 주신 영산강 유역 남도의 아름다운 풍경인 '영산강 8경' 가운데 제 2경 '몽탄노적'이 바로 식영정으로 올라가는 돌계단부터 시작하니 이를 둘러보며 잠시나마 한가롭게 산을 등지고 강을 바라보며 유유자적하였다.

식영정 대청마루에서 본 영산강 풍경

나는 보통 건축물을 볼 때 여러 개의 공간이 겹으로 되어있는 액자식 구조에 흥미를 갖는 편이다. 식영정은 중앙의 마루방 3면을 대청마루와 툇마루가 둘러싸고 각 방향에 4쪽 분합문이 설치되어 암수의 돌쩌귀로 매달게 되어 있다. 이날은 대청 마루방의 분합문이 닫혀있었다. 그러나 대청마루와 동, 서쪽 툇마루 3면에 축조된 10개의 큰 기둥은 어느 쪽에서 보더라도 겹겹의 기둥으로 인하여 마치 뷰파인더를 통해 다양한 프레임의 그림을 보는 듯한 착각을 일으켰다. 대청마루에서 계절에 따라 바뀌는 주변 풍광을 마주했을 묵객들은 시심이 동하여 글을 쓰고 노래를 불렀으리라. 한편 식영정 현판위의 어약연비 편액은 모든 사물이 제자리에서 자연스럽게 삶을 영위한다는 뜻으로써 세상의 행적을 지우고 인간 본성을 지키기 위한다는 식영의 본질적인 영위를 위하여 새나 물고기가 스스로 터득하는 자연의 작용을 들어 설명한다. 탈세속, 그림자조차도 쉬는 그곳을 선인들은 '식영 세계'라고 했다. 이는 곧 "한가로이 거한다."라는 뜻으로도 볼 수 있다. 이를 볼 때 한호의 식영 또한 영리 추구를 그만두기 때문에 한가로움을 즐길 수 있어 식영(息影)과 식영(息營)은 하나의 목표를 갖는다고 하겠다.

鳶飛漏天 漁躍于淵　솔개는 하늘에 날면서 눈물지고, 물고기는 물에서 뛴다.

-『詩經』, 大雅旱麓篇[1] -

무안오승우미술관의 기획전 〈상실의 캡슐로서의 전통〉 작품 설치 당일 전주 취향정, 담양 소쇄원, 명옥헌 원림, 독수정, 가사문학관을 거쳐 늦은 오후에 무안의 미술관에 도착했다. 무안군오승우미술관은 전시실의 전고가 높고 공간이 특이해 작품을 돋보이게 만든다. 특히 내가 720센티 크기로 제작한 2023년 신작 〈眞境_책가도〉가 'ㄱ'자로 설치되어 책가도 속, 여러 미술관의 단편적 공간과 진경 가운데서 동양신화 속 도상들과 함께 유람하는듯한 감흥을 불러일으킨다. 이번 전시는 박현화 관장이 기획한 전시로써 전통 민화에서 가장 사랑받는 책가도와 무안 분청사기의 전통기법을 현대적으로 재해석한 작품들을 볼 수 있으며 총 2부로 나누어 구성했다. 봄 여행을 계획 중이라면 항상 새로운 기획전이 진행되는 무안군오승우미술관에서 멋진 전시도 보고 무안의 특산물

1) 孔子, 최상용 易, 『인생에 한 번은 읽어야 할 시경』, 일상이상, 2021.

식영정에서 바라본 영산강 제2경 몽탄노적(夢灘蘆笛)

인 세 발 낙지와 짚불구이를 맛있게 먹은 후 광주까지 이어진 한적한 강변도로 곳곳에 위치한 '영산강 8경' 유람을 추천한다.

사람들은 왜 혼밥을 할까? 이러한 행위를 기능주의적 관점에서 살펴보면, 대부분의 사람은 목표 지향적이기 때문에 자신이 정한 목적을 만족시키기 위해 행동한다고 한다. 그러나 코로나 이후 사회 전반에 '나 홀로'가 트렌드가 되어 자연스러운 일상으로 자리 잡고 있다. 예전에는 큰 용기를 필요로 했던 '혼자'가 이제는 일상을 넘어 '혼자기 때문에' 오히려 어떤 가치를 발견하고 이를 통해 보다 자신에게 집중하여 내가 나를 알아가고 더 사랑하게 되는 것으로까지 확대된다. 이와 같은 '나 홀로 문화'가 지향하는 바가 과연 목표 지향적 인지는 더 살펴볼 필요가 있다. 왜냐면 필자 같은 경우에는 '그냥' 아무 생각 없이 그 무엇도 신경

쓰지 않고 넉넉한 시간을 보내며 목적 없이 게으르게 혼자의 시간을 즐기기 때문이다. 그리고 이러한 작가적 게으름이 마침내 창작의 틈을 논리적 비약과 환상으로 채우기 때문이다.

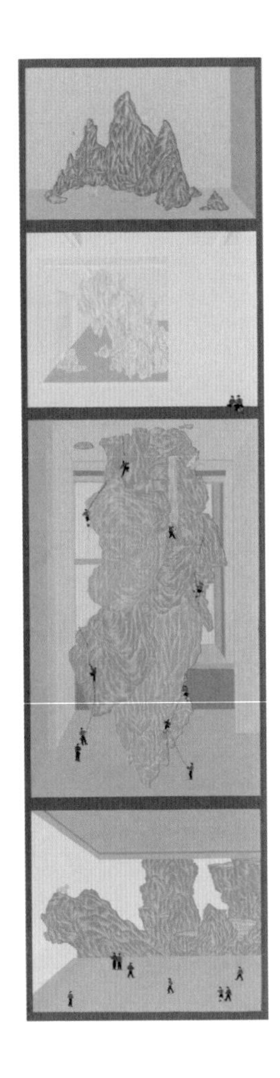

유혜경, 眞境_책가도(右), 190 x 50cm, 장지에 채색, 2020

유혜경, 眞境_책가도(左), 190 x 50cm, 장지에 채색, 2020

숨이 트이는
호곡장(好哭場)
느러지 전망대

"좋은 울음터로다. 한바탕 울어 볼 만하구나!"

이 문장은 조선 후기의 문신인 연암 박지원의 《열하일기》 중 '도강록'에 나오는 내용으로써 '호곡장론'으로 널리 알려져 있다. 1780년, 우울하게 40대 중반을 살고 있던 연암은 작은 조선 땅에서만 살다가 청나라 연행길에서 마주한 광활한 요동 벌판을 보고 느낀 충격적인 감회를 이같이 표현하였다. 사실 '호곡장(好哭場)' 즉 '통곡할 만한 자리'라는 제목은 후학들이 글의 핵심 내용에 의거하여 붙인 것으로, 연암 문체의 특징인 상식의 기반을 와해시키는 패러독스를 잘 나타내며 호기심과 흥미를 유발한다.

최근에 마주한 호곡장은 전남 나주시 동강면에 위치한 '느러지 전망대'다. 느러지 전망대는 4층 높이의 전망대로 꼭대기로 올라갈수록 아름다운 영산강의 풍경과 'U'자 모양으로 크게 굽이치는 강 안쪽으로 한반도 형상을 한 느러지 마을의 모습을 볼 수 있다. 내가 느러지 전망대에 갔던 때는 아직 날이 추워서인지 주차장에 차가 한 대도 없었고 전망

느러지 마을(한반도 지형)

대에 머무는 내내 관람객 또한 한 명도 없었다. 나는 신발 끈을 질끈 동여매고 코끝까지 아려오는 날선 바람과 더불어 천천히 전망대의 계단을 올랐다. 3층 높이 정도 올랐을까, 이윽고 넓은 영산강을 배경으로 서서히 한반도 지형의 아랫부분이 드러나기 시작했다. 꼭대기 층에 오르니 굉음을 내며 온몸을 밀어내는 앙칼진 바람을 피해 의지할 곳 없이 날것의 공간에 오롯이 혼자였다. 숨이 트였다. 큰 숨을 들이 마시고 내뱉으며 이제야 살 것 같다는 안도감이 들었다.

살다 보면 아무런 이유 없이 가슴이 답답해질 때가 있다. 이런 고통은 어떤 방법으로도 좀체 해소되지 않는다. 이럴 때 연암 박지원은 소리 내어 크게 울어보라고 한다. 그러나 현실은 의식이 다각적으로 개입하기 때문에 의도하여 통곡하기란 좀체 어려운 일이 아닐 수 없다. 그 때문이었는지 빈 전망대에 혼자 등반이라는 적극적인 의도로 비롯된 나의 척박한 처지는 '한바탕 울 수 있는 좋은 울음 터'가 돼 주었다. 매운바람이 스칠 때마다 들리는 나뭇가지들의 아우성과 허공을 가르는 바람의 비명소리는 한동안 어린아이처럼 엉엉 우는 나의 울음소리를 묻어주었다. 그러나 하염없을 것 같던 울음이 바람에 흩어지기도 전에 뺨을 얼릴 듯 아려와 결국 눈물이 쏙 들어갔다. 어쨌든 한바탕 통곡을 하고 나니 후련하고 또 상쾌했다.

연암은 "희로애락애오욕 즉 칠정이 모두 울음을 자아낸다."고 했다. "기쁨이 극에 달하면 울게 되고, 노여움이 사무치면 울게 되고, 즐거움이 극에 달하면 울게 되고, 사랑이 사무치면 울게 되고, 미움이 극에 달하여도 울게 되고, 욕심이 사무치면 울게 되니, 답답하고 울적한 감정을 확 풀어 버리는 것으로 소리쳐 우는 것보다 더 빠른 방법은 없소이다. 울음이란 천지간에 있어서 뇌성벽력에 비할 수 있는 게요. 복받쳐 나오는 감정이 이치에 맞아 터지는 것이 웃음과 뭐 다르리요?" 라고 한다. 이를 볼 때 울음은 슬퍼서 우는 것만이 아니라는 이야기다. 또 자기의 울음 터를 얻지 못하면 참다못하여 서러움과 한스러움이 가슴에 가득해져 끗내 자신과 다른 사람들을 깜짝 놀라게 할 수도 있다. 『열하일기』의 성격을 볼 때, 아마도 연암은 한나라의 가의(賈誼)가 한나라의 당면과제에 관한 자신의 경륜을 토로한 상소문 「치안책」을 통곡을 비의하여 조선의 당면과제에 관한 자신의 경륜을 통곡으로써 이야기했으리라.

비로봉 정상에 올라 동해를 굽어보는 곳이 호곡장 하나가 될 만하고, 장연의 금사 해변에 가면 호곡장이 될 만하고, 오늘 요동 벌판에 이르러 여기로부터 산해관 일천이백 리에 이르기까지 사방에 도무지 한 점 산을 볼 수 없고 하늘가와 땅 끝이 풀로 붙인 듯 실로 꿰맨 듯, 옛날의 비와 지금의 구름이 이 속에서 창창할 뿐이니, 이 역시 호곡장이 될 만하오."

「연암집 제11권, 열하일기」 中 도강록[1]

느러지 전망대에서 바라본 한반도 지형이자 행정구역 무안군 이산리 몽탄, 느러지마을에는 세계 3대 중국 기행문[2] 중 하나인 《표해록》을 지은 금남 최부선생이 잠들어 있다. 이 책은 최부선생이 1487년 9월 추쇄경차관으로 임명되어 제주에 갔다가 이듬해 1월 30일, 부친이 별세했다는 소식을 듣고 급히 고향인 나주로 돌아오던 중 풍랑을 만나 14일 동안 표류한 끝에 중국에 도착하여 항주, 북경 등을 거쳐 5개월여만에 귀국하기까지의 과정을 성종의 명에 따라 기록한 책이다. 작자인 최부는 42명의 일행과 함께 출항하고 표류하게 되는데 일행 모두 낮은 신분의 사람들로 작자는 이들의 지도자 위치에 있었다. 혹독한 역경과 고난은 모두를 와해시키기에 충분했지만 지도자로서 일행을 관리하는 따뜻한 카리스마를 지닌 리더 최부는 마침내 일행 모두를 안전하게 귀국할 수 있게 한다.

1) 박지원, 김연호 易, 『열하일기』, 하서출판사, 1999.

2) 세계 3대 중국기행문: 최부《표해록》, 마르코폴로《동방견문록》, 엔닌《입당구법순례행기》

《표해록》은 보통 기행문학과 달리 표류라는 불가항력적 상황에 의한 여행의 기록이기 때문에 위기 가운데서 나타나는 다양한 인간 군상이 표현된다. 위기를 벗어난 후의 여정에서는 고국의 실정을 염두에 두고 견문에 대하여 각별히 신경을 쓰는 작자의 시선 또한 특별하다. 일기체의 형식으로 5개월여를 하루도 빠짐없이 써 내려간 이 책은 직접적 집필은 왕명에 의하여 이루어졌지만 이미 여행 중 기록을 남길 목적으로 문답이 적힌 종이를 간직하고 틈틈이 메모를 남겼으리라는 것을 알 수 있다. 한편 《표헤록》에는 한양에 온 후에도 왕명에 의한 책의 집필 때문에 고향을 가지 못

느러지 전망대

표해록비

한 상태로 이루어져 아버지의 상을 치르지 못했다는 최부 선생의 비통한 마음 상태가 작품 전체의 근간이 되고 있다. 책이 완성된 후 성종이 공을 치하하면서 소원을 물으니 최부 선생은 "저에게 바라는 것이 있다면 임종도 치르지 못한 선친을 편하게 모시는 것입니다"라고 말했다. 성종은 지관을 보내어 느러지 명당터를 찾아 최부 선진의 묘를 이곳으로 옮겨 쓰게 했다. 최부 선생이 해남에서 느러지로 옮긴 것도 이 무렵이었다고 전한다.

어디 요동 벌판같이 막힘없는 곳만 울음 터인가! 아마도 나의 첫 울음 터는 어머니의 품이었을 것이다. 스무살 무렵의 울음 터는 서울 어느 담장 밑이었다. 특히 바다는 파도와 바위라는 구성요소를 갖추고 있어 늘 울음 터로서의 역할에 적합했다. 그때는 견딜 수 없는 감정으로 통곡했으나 중년의 내가 돌이켜보면 그 울음마저도 부러워 배시시 미소가 번진다. 연암이 요동 벌판을 '호곡장' 삼아 현실을 토로했듯이 나라의 일을 마치고 느러지로 내려온 최부 선생 또한 곡강 길을 '호곡장'삼아 현실로부터 주어진 회한을 통곡으로 희석하고자 했으리라. 모처럼 느러지 전망대에 올라 어린아이처럼 큰 울음으로 카타르시스를 겪은 후 겨우내 혼자 작업하며 구겨졌던 마음이 조금씩 펴지기 시작했다. '편안함에 다다르다[志安]' 이러한 삶을 사는 것이 목표가 되어가는 요즘, "어떻게 지내냐?"는 누군가의 한 마디가 나를 기껍게 한다. 여러분 모두 오늘 하루가 행복하기를. 그저 아무 일 없이 편하길. 내가 만나는 사람들한테 이런 말을 해주고 싶다. 그리하여 다들 편안함에 다다랐으면 좋겠다. 힘을

빼야 글이 잘 써진다는 걸 오늘도 실천 못한 나에게 오늘의 호곡장으로 구석을 추천해 본다.

유혜경, 무이구곡도(武夷九曲圖), 101×72.7cm, 장지에채색, 2021

5분 솥밥과
마들렌
동천석실

요즘 나는 그동안 머릿속에서 부유하는 무수한 생각의 편린들을 줄로 꿰기 위해 글감 수집을 여러 가지 방법으로 하고 있는 중이다. 화가가 그림만 잘 그리면 되지 웬 딴짓이냐는 생각에 사실 주위의 눈치도 흘깃거리며 살피기도 하지만 원래 예술 자체가 딴짓 아닌가!

매거진 큐에 글을 연재하기 시작한 이유로 달라진 점이 있다면 공간을 보는 시선이 조금씩 달라지고 있다는 점이다. 꽤 오래전 평면회화 작업만 하다가 내 안에 자리하고 있는 조형 언어들이 납작한 표면에 꾸덕한 질료로만 표현하기에는 한계가 있다고 판단한 적이 있었다. 그때부터 몇 년 동안 조악한 설치작업부터 서툰 실력으로 미디어 작업까지 과감하게 전시에 구성했다. 돌이켜보면 그때의 치기가 나의 예술적 스펙트럼을 넓히는 계기가 되었던 것 같다. 그 때문인지 올해 1월부터 시작한 여행을 통한 글쓰기가 스스로에게 어떠한 예술적 반향을 일으키고 작업에 영향을 줄지 꽤 궁금해진다. 어찌 되었든 '그리고 그리는 기행', 그 명칭을 착실하게 따라 매월에 진행한 이야기를 '40×40cm' 크기의 작은 화판에 드로잉 하여 '월간 유혜경' 프로젝트로 글과 그림을 함께 작업하고 있다. 이는 윤종신 가수가 진행했던 '월간 윤종신'프로젝트를 따라 한 것이다. 생각해 보면 천생 게으른 나에게 꽤 효율적인 장치를 건 것이라 할 수 있다. 이렇게라도 안 하면 분명 놀고먹기 바쁠 테니 말이다.

> 세월이 흘러간 어느 겨울날, 내가 집에 돌아오자 어머니는 추워하는 나를 보고 차를 조금 들게 해주마고 제의한 적이 있었다. 나는 처음에는 거절했다가 무슨 까닭인지 모르지만 생각을 고쳐 마시기로 했다. 어머니는 과자와 홍차를 가져왔다. 가리비의 가느다란 홈이 난 조가비속에 흘려 넣어 구운 듯한, 잘고도 통통한 '프티트 마들렌'이라고 하는 과자였다. 이윽고 우중충한 오늘 하루와 음산한 내일의 예측에 풀죽은 나는, 마들렌 한 조각이 부드럽게 스며들고 있는 차를 한 숟가락 기계적으로 가져갔다. 그런데 과자 부스러기가 섞여있는 한 모금의 차가 입천장에 닿는 순간 나는 소스라쳤다. 나의 몸 안에서 이상한 일이 일어나고 있는 것을 깨닫고 뭐라고 형용하기 어려운 감미로운 쾌감이 어디에서인지 모르게 솟아나 나를 휩쓸었다. 그 쾌감은 사랑의 작용과 같은 투로 귀중한 정수(精髓)로 나를 채우고, 나로 하여금 삶의 무상을 아랑곳하지 않게 하며 삶의 재앙을 무해한 것으로 여기게 하고 삶의 짧음을 착각으로 느끼게 하였다.
>
> -『잃어버린 시간을 찾아서 1: 스완네 집 쪽으로 中』[1], Marcel Proust-

마르셀 프르스트의 『잃어버린 시간을 찾아서』는 20세기 모더니즘 문학을 대표하는 최고의 위대한 소설, 일생에 한 번은 꼭 읽기를 꿈꾸는 책이지만 워낙 방대한 양의 장편소설이라 읽기가 쉽지 않은 책으로 유

1) Marcel Proust, 김창석 역, 『잃어버린 시간을 찾아서 1: 스완네 집 쪽으로』, 국일미디어, 2010.

낙서재에서 바라본 동천석실

명하다. 이 책 속에는 냄새를 통한 기억 자극 효과를 뜻하는 '프루스트 효과'라는 용어를 탄생시킨 '홍차에 적신 마들렌 과자'를 통해 유년시절을 회상하는 장면이 나온다. 요즘 필자에게 푸르스트 효과를 일으키는 냄새는 향긋한 밥 냄새이다. 얼마 전 TV홈쇼핑 채널을 보다가 불과 5분 만에 솥밥이 완성된다. '5분 압력 밥솥'을 발견했다. 이게 참 신박한 것이 불린 쌀을 작은 압력솥에 넣고 5분 타이머를 켜놓은 다음 가열을 시작하니 놀랍게도 바로 압력추가 치직거리며 약간의 고소함을 수반한 밥 냄새를 풍기기 시작한다. 아! 이것은 분명 누룽지다.

얼마 전 헤이리에서 5월에 예정된 기획전 미팅을 갔다가 작업실로 돌아오는 길에 서부간선 지하도로를 타게 되었다. 서부간선 지하도는 높

동천석실에서 바라본 부용동

이가 꽤 낮아서 폐쇄 공포증세가 조금이라도 있는 사람들은 지하도를 나오기까지 평균적으로 소요되는 10여 분을 견디기가 어려울 것으로 보인다. 그러나 나는 터널, 지하도, 불완전 연소된 냄새, 카페의 진동벨 등 그런 것들을 꽤 재미있게 생각하는 편이라 일부러 그 도로를 종종 이용한다. 그러나 그 날은 5월, 7월에 진행될 2개의 기획전 진행 계획, 논문 검토, 갤러리와 작가, 사람의 일 등 여러 가지 일로 인해 피곤한 상태였다. 그러다 동행한 제자에게 최근에 사들인 5분 솥밥에 대하여 이야기를 시작했다. 시시껄렁하게 시작했던 작은 압력솥과 참기 어려운 고소한 밥 냄새, 화룡점정 누룽지까지 이어진 장황한 5분 솥밥 예찬으로 인해 힘들었던 일상이 견딜만하다는 생각이 들었다. 고단한 삶에 있어 이렇게 작은 꺼리들이 큰 위안이 될 때가 있다. 아마도 사랑하는 제자는 집에 가서 5분 압력솥을 주문했을 것이 분명하다.

보길도에 자리 잡은 유학자 고산 윤선도는 동시대 선비들의 유가적 이상향인 송나라 주희의 무이구곡과 같은 자연관으로 원림을 조성하였다. 주희가 무이산에 무이정사를 지어 은둔한 것처럼 윤선도는 보길도 격자봉 아래에 주거처인 낙서재를 지어 은둔하여 독서를 즐기고 제자들을 가르쳤다.

> 동천석실은 주자학에서 신선이 산다는 선계세상으로 부용동을 한눈에 굽어볼 수 있으며 낙서재의 정면에 바라보이는 산자락에 있다. 3,306m²(1,000여 평)의 공간에 한 칸 정자와 석문, 석담, 석천, 석폭, 석전을 조성하고 차를 마시며 시를 지었던 곳이다. 특히 석담에는 수련을 심고 못을 둘로 나누어 물이 드나들 수 있도록 인공적으로 구멍을 파고 다리를 만들어 '희황교'라 칭하였다. 지금도 석실 앞에는 도르래를 걸었다는 용두암과 차를 끓여 마신 차바위가 남아있다.
>
> -대한민국 구석구석, 한국관광공사[2]-

보통 아궁이는 구들장 밑에 있어 군불을 때며 밥을 하거나 잔불로 뜨끈한 온돌을 만들기 마련이다. 그런데 윤선도가 보길도 부용동에 조영한 원림 가운데 선계를 상징하는 '동천석실'의 아궁이는 암반 위에 지어진 침소 바로 밑이 아니라 열기가 다소 닿기 어려워 보이는 석축 아래쪽에 있어 방바닥과 상당히 멀리 떨어진 특이한 온돌 구조로써 건물 외곽 비탈길에 위치하고 있다. 이곳은 2002년 조사 때 기둥자리와 온돌 구조

---

2) https://korean.visitkorea.or.kr

동천석실, 침실의 아궁이

등이 발굴됐다고 한다. 고산은 신선들의 거처인 동천복지를 희구하며 이곳 절벽 위에 석축을 쌓고 그 위에 한 칸짜리 정자를 지어 인간세계를 떠나 선계를 꿈꾸었다. 이와 같은 맥락에서 볼 때 고산은 먹는 것, 입는 것, 자는 일 등 가장 기본적인 일상도 되도록 멀리하고자 하는 초월적 탈속을 지향했다고 여겨진다. 그는 신선이 사는 세상인 동천에 속인의 발걸음을 최대한 적게 하고자 동천석실 앞 바위와 낙서재를 연결하는 동아줄을 걸어 음식물 등을 날랐다고 한다.

"낙서재 맞은 편 산 중턱에 위치한 동천석실은 높다란 바위 절벽 위에 조성된 부용동 원림의 핵심 공간 중 하나이다. 크고 작은 바위들이 한데 어울려 범상치 않은 경관을 연출하고 있는 가운데, 가장 극적인 요처에 해당하는 절벽 위에 작은 정자를 짓고 주변 바위들마다 은유 가득한 이름을 부여하며 상상의 세계를 꿈꾸었던 곳이다. 절벽 밑의 연못-석천(石泉), 석담(石潭)을 눈 아래 두고 즐기면서, 멀리 산 아래로는 자신의 일상생활 공간을 내려다보는 구도이다. 산 아래 마을까지의 거리만큼이나 이미 인간세상과는 멀어져 있는 그곳에서 고산은 바위 위에 마련한 다조에 앉아 느긋이 차를 즐기면서 자신만의 별세계, 곧 선경을 즐겼을 것이다. 발아래 바위틈에 모아둔 물에 때때로 비치는 하늘과 구름을 보노라면 자신은 구름 위에 높이 떠 올려와 있음을 새삼 재확인하면서 스스로 신선이 된 듯한 상상 속으로 빠져들곤 하였을 것이다."

-성종상, 『고산 윤선도 원림을 읽다』[3]-

51세의 윤선도는 '물외의 가경이요 선경' 즉 속세에서 벗어난 듯 빼어난 경치를 지닌 따뜻한 섬 보길도에서 마음을 다듬으며 물, 돌, 소나무, 대나무, 달을 다섯 친구라 부르며 자연과 함께 생활했다. 꿈결같은 예송리 해변, 망끝전망대에서 바라본 낙조 등 섬 전체가 아름다운 원림인 보길도에 대해서는 다음 편에 자세하게 여정을 다룰 예정이다.

인간은 결코 현실에서 자유로울 수 있는 존재가 아니다. 현재의 치열함은 현실에 대한 집착의 강도와 비례한다고 할 수 있다. 다수의 사람들은 작가가 작업을 하고 있지 않는 때를 보면 한가하다고 생각한다. 그러나 예술을 하는 사람들은 일상 그 자체가 생각의 연속이라 대부분 모든 순간에도 작업과 관련하여 시선을 둔다. 이렇듯 새로운 작품 구상에 답

3) 성종상, 『고산 윤선도 원림을 읽다』, 나무도시, 2010.

답한 날들의 연속이지만 그러나 아주 작은 숨구멍 하나만 있으면 이러한 삶도 살아지고 나아가 지난 일이 된다. 요즘 나의 마들렌이자 현실의 숨구멍은 '5분 솥밥'이다.

유혜경, 예술가의 이상향, 45.5×53cm, 장지에 채색, 2021

꿈결 같은 유유자적 보길도

그리움이 지극해지면 더 가까이 다가가기 어려운가보다. 문학을 공부하면서부터 사모했던 고산 윤선도가 조성한 꿈같은 섬, 보길도, 그곳에 닿기까지 긴 시간이 걸렸다. 나는 그렇게도 그리워했던 보길도에 2023년 2월 중순 첫 방문을 시작으로 4월 말까지 두 번을 더 다녀왔다.

보길도는 해남 땅끝마을 선착장에서 페리호를 타고 30분 걸리는 노화도에서 다시 차를 타고 다리를 통해 들어갈 수 있다. 처음 노화도로 향하는 배에는 아직 늦겨울이라 그런지 여행객도 많지 않고 마침 온돌로 된 객실바닥이 따뜻해 나도 모르게 선잠이 들었다. 그렇게 늦겨울 아직 날카로운 바람에 부딪히는 파도를 헤치고 도착한 노화도는 생각보다 규모가 큰 섬이었다. 노화도와 보길도는 보길대교로 연결되어 이 다리를 건너야 보길도로 들어갈 수 있다. 차를 타고 달리다보면 다리의 난간을 통해 멀리 보이는 보길도 해변의 작은 어선들이 마치 소상팔경도[1)]의

1) 소상팔경도(瀟湘八景圖): 중국 후난성 동정호 남쪽 소수와 상수의 아름다운 경관을 주제로 여덟 폭의 화첩 또는 병풍에 그린 그림으로써, 중국에서는 북송의 이성에 의해 처음으로 '소상팔경도'가 그려졌다. 우리나라에서는 고려시대 명종 연간 이광필부터 조선시대 말기까지 줄곧 유행하였다. 16세기에는 안견파 화가들, 조선 중기에는 이징, 김명국 등이 후기에는 정선, 심사정, 최북, 김득신, 이재관 등이 많은 작품을 남겼다.

낙서재와 귀암(龜岩)

원포귀범(遠浦歸帆) 즉 먼 나루로 돌아오는 배를 연상케 하였다. 이 풍경을 보며 아! 드디어 내가 보길도에 왔구나. 나도 모르게 가슴 벅찬 탄성이 새어 나왔다.

삼전도 굴욕 소식을 듣자마자 세상을 등지고 은둔을 결심한 윤선도는 배를 돌려 제주로 가는 길에 태풍을 만나 표류하다 보길도를 발견했다. 그는 보길도의 수려한 모습에 반해 바로 격자봉에 올라 사방을 둘러보고는 '하늘이 나를 기다린 것이니 이곳에 머무는 것이 족하다'며 보길도에 머물기로 했다. 고산은 거처로 정한 지역을 마치 이곳의 형세가 연꽃

봉우리가 터져서 꽃이 피는 것 같다고 해서 부용이라고 명명했다고 전한다. 부용동에 위치한 낙서재는 고산의 거처로써 1671년 84세로 생을 마감할 때까지 머물렀던 곳이다. 고산의 5대손인 윤위의 『보길도지』에 따르면 낙서재에 대하여 다음과 같이 서술하고 있다.

> 처음 이곳에 집을 지을 때 수목이 울창해 산맥이 보이지 않아 터를 잡기 어려웠다. 그래서 사람을 시켜 장대에 깃발을 달고 격자봉을 오르내리게 하면서 그 높낮이와 향배를 헤아려 집터를 잡았다.
>
> -윤위, 『보길도지』-

고산이 이렇게 정성을 다하여 손수 지은 낙서재의 입지는 풍수적 조건으로 볼 때 보길도에서 가장 좋은 양택지라고 전해진다. 낙서재 앞뜰에는 거북이 형상을 한 귀암이 있는데 고산은 이 바위에 올라 달맞이를 했다고 한다. 나는 보길도에 머물렀던 여러 날 중에 한 번 정도는 그 바위에 올라 달을 보고 싶었는데 여건이 허락되지 않아 안타까운 마음이었다. 뭐 상상으로도 충분히 수백 년의 시공간을 넘는 것은 가능하니 그걸로 위안을 삼는다.

고산은 낙서재 뒤편 바위에 주자(朱熹)의 고향인 중국 무이산의 무이구곡 가운데 하나인 소은병이라는 봉우리 이름을 붙였다. 이는 아마도 성리학자인 그가 주자의 행적을 따른다는 상징적인 의미가 아닐까. 한편 낙서재 건너편 산 중턱에는 부용동을 한눈에 굽어볼 수 있고, 고산이 책을 읽으며 신선처럼 지냈던 한 칸짜리 정자이며 선계 세상을 지향한 동천석실이 있다. 여담이지만 2월에 갔을 때는 다시는 보길도를 못 올 것 같은 예감이 들어 심한 감기몸살인데도 불구하고 헛구역질을 하며 거의 기어가듯 올라갔던 기억이 있다. 늦봄에 다시 동천석실로 올라갈 때는 무성한 동백나무 숲을 만끽하며 거의 뛰듯이 올라갔더랬다.

낙서재 지역에는 윤선도의 5남인 학관의 처소인 곡수당을 포함해 후학을 가르쳤던 서재가 있다. 특히 눈을 사로잡은 부분은 곡수당 옆에 만든 가산(꾸민 산)과 그곳을 통해 나 흘러나온 계곡물이 통나무 속을 파내어 길게 이어 만든 수로를 지나 돌확의 작은 구멍을 통해 인공 연못인 '상연지'로 떨어진다. 고산은 이를 '비래폭'이라 이름 붙였으니 참으로 절창이 아닌가! 비록 내가 갔을 때는 유례 없는 가뭄 때문에 쫄쫄 떨어지는 물이 참으로 안쓰러웠지만 막 피어난 백매와 황칠나무, 후박나무 소나무, 동백나무 등 다양한 나무들이 이룬 풍경이 마음을 편안하게 해주었다. 혹시 보길도에 간다면 해질 무렵 섬돌을 딛고 낙서재 툇마루에 앉아 눈을 감고 자지러지는 새소리, 딱따구리 나무 쪼는 소리, 나무를 휘돌며 나부끼는 바람 소리에 꼭 귀를 기울여 보기를 강력히 추천한다.

'주변 경관이 물에 씻은 듯 깨끗하고 단정해 기분이 상쾌해지는 곳'이라는 뜻의 '세연정'은 고산의 다섯 벗 가운데 하나인 물이 주제인 '물의 정원'이나. 세연정을 둘러싸고 있는 '세연지'에는 다양한 모양의 바위 7개 즉 인공섬이 조영되어 있다. 고산은 이곳에도 신선 세계를 만들어 작은 배를 띄우고 선비의 여흥을 즐겼다고 전해진다. 세연정은 '차

세연정(洗然亭)

경'을 정원 건축 원리로 삼아 마음을 맑게 수양하고자 하는 성리학적 세계관을 담고 있다. 그래서인지 세연정의 분합문을 모두 들어 올려 걸면 사방이 개방되어 자연합일을 이루고, 또 정자 중앙의 아늑한 온돌방에 앉으면 현실과 조촐하게 합의하는 백거이의 중은 즉 세속 가운데 누리는 유유자적한 삶을 이룰 수 있다. 이는 내가 좋아하는 현대의 공간 컨셉 가운데 하나인 '문이라는 매개를 통해 하나의 물리적 공간을 안과 밖으로 구분함과 동시에 한 공간에 공존하는 즉 안과 밖이 유기적으로 이어져 있음'을 표현하는 'Open ended'라 할 수 있다. 다시 말해 세연정은 사방으로 물, 바람, 그림자, 새소리, 햇볕과 달빛이 흐르는 무한의 공간인 것이다.

망끝전망대의 낙조

보길도를 다녀간 사람들의 다수는 예송리 해변의 오래된 소나무 숲과 동백나무 원시림 사이로 반짝이는 여명, 매끈하고 작은 몽돌이 파도에 밀려 굴러가는 소리 그리고 잔잔한 바다 한쪽에 열을 지어 조업을 준비하는 작은 배들을 보며 마치 꿈결 같다고 이야기한다. 특히 망끝전망대에서 목도하는 낙조는 사람들의 입을 통해 최고로 손꼽힌다. 그렇다! 보길도는 해돋이뿐만 아니라 섬 서쪽 망월봉 끝 망끝전망대의 낙조가 가히 장관이다. 온종일 분주했던 하늘이 시간이 되자 이내 샛노랗다 못해 주홍빛으로 번져가고 서서히 바닷속으로 붉은 덩어리가 스러져 간다. 사실 나는 낙조를 보기 위해 꽤 긴 시간을 대기하며 찬바람과 사투를 벌였다. 그런데 추위보다 더 나를 괴롭혔던 것은 '과연 저 말짱한 하늘이 낙조를 보여주긴 하는 걸까?' 하는 의심이었다. 잠시 후 날씨 어플을 통해 알아본 낙조 시간이 가까워지자 몇 대의 차량이 망끝전망대 주차장으로 들어왔다. 나는 그제야 의심을 내려놓고 편안하게 낙조를 기다렸고 기억에 남는 일몰을 볼 수 있었다. 처음 이곳에 왔을 때는 밤새도록 큰 바람이 불고 추워서 해맞이를 못했었다. 하지만 이후 지난 4월, 반려견 '아티'와 함께 다시 찾은 예송리 해변에서의 해맞이는 이루 말할 수 없이 행복했다. 강아지를 품에 안고 갯돌에 앉아 해가 높이 오를 때까지 넋을 놓고 바라보던 그 날의 첫 태양, 해변 가장자리의 데크를 따라 걷던 이른 아침의 산책길에는 붉디붉은 동백꽃들이 떨어져 있어 차마 밟지 못하고 피해 갔다. 참 이상도 하지……

모든 꽃이 다 그렇겠지만 특히 동백은 왜 그리 아려올까.

모란이 피면 모란으로, 동백이 피면 넌 다시 동백으로
나에게 찾아와 꿈을 주고, 너는 또 어디로 가버리나
인연이란 끈을 놓고 보내긴 싫었다. 향기마저 떠나보내고
바람에 날리는 저 꽃잎 속에 내 사랑도 진다
아! 모란이 아! 동백이 계절을 바꾸어 다시 피면
아! 세월이 휘잉 또 가도 내 안에 그대는 영원하리
-상사화, 남진-

그간 나의 봄은 김영랑 시인의 '모란이 피기까지는'이었다. '찬란한 슬픔의 봄'과 '곧 여윌 오월에 대한 설움'으로 지나는 봄을 아쉬워하며

그렇게 짧은 봄을 견뎠었다. 그러나 보길도에 다녀오고 얼마 후 윤선도의 자취가 서린 해남 녹우당 길에서 흐드러진 모란을 본 후 나의 봄은 남진 가수의 '상사화'로 바뀌었다. 트로트를 잘 알지 못했던 내가 채널을 돌리다 잠시 들린 노래 가사에 빠진 것이다. 애절한 그의 노래, 물길을 헤치고 다시 찾은 보길도의 낙조, 꿈결 같다던 보길도 예송리 해변이 늦은 새벽 몽돌에 앉아 맞은 해돋이로 이제는 나의 꿈결이 되고 세연정, 낙서재, 곡수당 등 문학으로 기억되던 내 스무살의 기억이 이제는 이야기의 흔적을 좇아 그림이 된다.

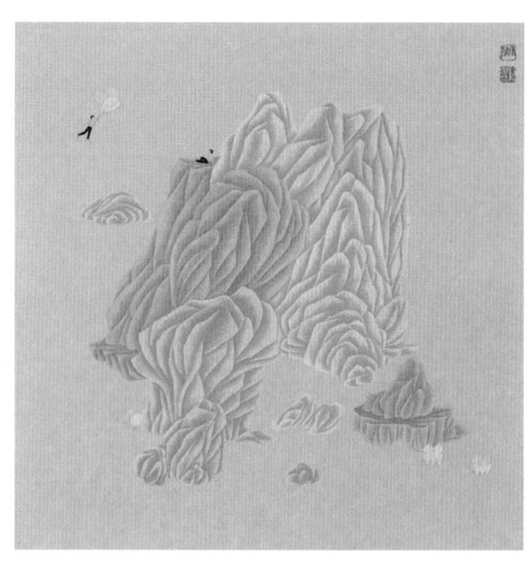

유혜경, 몽유산수도夢遊山水圖, 60×60cm, 장지에 채색, 2022

소박하고
무해한 하루
해남 미황사

"사라져버리고 싶을 때 떠나는 딱 하루의 여행. 걷고, 먹고, 멍 때릴 수 있다면."

이 말은 웨이브 오리지널 8부작 시리즈 〈박하경 여행기〉에서 주인공이 매회 새로운 여행에 앞서 반복하며 되뇌는 혼잣말이다. 지극히 평범한 일상을 살다가 문득 어디론가 사라져버리고 싶은 욕구가 터질 것 같을 때 주인공인 박하경은 그럴 때마다 아무 계획 없이 하루 만에 갔다가 돌아오는 짧은 여행을 떠난다. 혼자 부지런히 걷고 음식을 먹어보는 것이 거의 전부인 소박한 여행이지만 늘 누군가를 잠시 만나고 헤어지는 가운데 자신만의 작은 쉼표를 발견하고 또 생각하는 여정이기도 하다. 얼마 전 우연히 〈박하경 여행기〉 요약본을 보게 되었다. 특히 1편이 해남 땅끝마을에 위치한 미황사가 배경인 이야기라서 더 반가운 마음이 들었다. 한창 대대적으로 복원 공사 중이라 가림막에 가려 보지 못했던 대웅보전의 해체된 모습도 부분적으로나마 화면에 잡혀서 이에 대한 호기심 때문에 이 시리즈를 보기 시작했다.

미황사에서 보이는 달마산

미황사는 한반도 끝자락인 해남군 송지면에 위치한 사찰이며, 소백산맥이 두륜산을 지나 마지막으로 닿는 곳인 달마산에 조성된 길인 달마고도 코스 중 하나이다. 나는 얼마 전 이른 봄에 천년고찰 미황사를, 늦은 봄인 4월 말에는 미황사를 감싸고 있는 달마산과 가파른 절벽에 위치한 암자인 도솔암을 가기 위해 이곳에 왔었다. 달마산은 남도의 금강산으로 불릴 만큼 풍광이 수려하고도 장엄한 기운을 가진 곳이다. 특히 달마산 능선은 기암과 괴석이 12km에 걸쳐 이루어진 절경으로써 내 그림이 준(皴)을 조형화 시키는 작업이기 때문에 오래전부터 이곳을 희구했었다. 원칙주의자에 가까운 성격 탓에 나는 여행에 앞서 계획과 준비를 철저히 하는 편이다. 어디에 묵고 어느 곳으로 가면 어떠한 것을 볼 수 있고 또 어떤 정서적 체험을 할 것인가를 미리 시뮬레이션까지 하고 떠난다. 이 때문인지 그동안 여행이 그다지 편하게 다가오지 않았던 것 같다. 그런데 올해 초, 바쁜 일정 탓으로 누적되었던 스트레스가 계획 일색이었던 여행패턴을 바꾸어 놓았다. 이제는 그냥 떠나서 아무 생각 없이 걷고, 보고, 쉬기 시작한 것이다.

> 19세기 말 유럽, 특히 프랑스를 중심으로 미친 듯이 세상을 돌아다니는 사람들이 있었다. 이른바 둔주라는 유행병이었다. 이는 우리가 '역마살'이라고 부르는 것과 비슷해 보이지만, 한참 후에 집에서부터 한참 먼 엉뚱한 곳에서 발견된 그들은 그동안 있었던 일을 기억하지 못했다. 이 증상은 알베르 다다라고 하는 기능공의 사례를 그의 주치의인 필리프 티씨에가 처음 책으로 보고한 이래, 우후죽순 격으로 보고되기 시작했다. 그 당시 둔주는 정신질환으로 취급되었다. 전문가들은 이 정신질환을 보고하면서 간질성인지, 히스테리아성인지를 두고 격렬한 논쟁을 벌였다. 미국이나 영국에서는 전혀 보고되지 않았고, 독일에서도 아주 드물게만 보고되었던 이 질환은 20년 남짓 유행하다 사라져버렸다. 사람들은 이제 돌아다니기를 그만둔 것일까.
>
> -이언 해킹, 『미치광이 여행자』[1] 참조-

박하경이 내레이션하는 이 대목은 캐나다의 과학철학자 이언 해킹이 쓴 『미치광이 여행자』의 한 부분이다. 갑자기 떠나는 여행이 한때는 정신 질환으로 보고되고 또 이러한 병변을 가진 이들을 추적하는 이 현상이 어느 날 갑자기 사라졌다는 이야기가 꽤 흥미로웠다. 그래서 1편을

1) 이언 해킹, 최보문易, 『미치광이 여행자』, 바다출판사, 2021.

미황사 달마상

본 후 바로 책을 구입해서 읽기 시작했다. 『미치광이 여행자』는 19세기 말 유럽에서 잠시 유행했던 강박적인 여행 욕구에 시달리는 특이한 정신질환에 관해 알아본 이야기다. 1887년 프랑스 가스회사의 임시직원이던 26세 알베르의 둔주를 통해 처음 알려진 이 이야기는 당시 정신의학계에 정신질환으로 보고되어 뜨거운 논쟁을 불러일으켰고 또 다양하게 연구되었지만, 1909년 마지막 환자를 끝으로 의학사에서 돌연 사라진다.

알베르는 일상의 모든 것 즉 가족과 일도 내팽개치고 떠나 프랑스 국내, 알제리, 콘스탄티노플, 모스크바 등 유럽대륙을 떠돌다가 부랑죄로 체포되어 감옥에 갇히거나 고국으로 송환되곤 하였다. 알베르 뿐만이 아니었다. 어느 날 평범한 남자들이 갑자기 사라지고 얼마 후 아주 멀리 떨어진 곳에서 부랑자의 모습으로 발견된다. 당시 이 병을 앓고 있는 이들은 자신이 어떻게 그곳까지 오게 되었는지 기억하지 못한다. 그러나 그들에게 최면을 걸자 망각했던 그간의 여정을 모두 기억해낸다. 이 책의 부제는 〈그는 왜 미친 듯이 세상을 돌아다녔는가?〉이다. 또 다른 말로 이는 배회라고도 할 수 있는데 이 책에서는 둔주(遁走)라는 병명으로 표기하고 있다. 저자는 이 책에서 둔주라는 평범하지 않은 행동을 유행병으로 표현하면서 프랑스나 이탈리아, 독일 주변 국가 등 한정된 지역에서 특이한 정신질환으로 22년간 주목을 받았다가 스러지는 과정을 뒤쫓는다.

> 배회는 목적이 없는 강박적 둔주를 말한다. 이는 청소년에게 많이 나타나며 부모나 집을 버리고 발견될 때까지 며칠이고 정처 없이 거리를 방황한다. 정신 역동적으로는 급성, 만성의 갈등 특히 가정 내 갈등에서 생기는 불안, 긴장으로부터의 도피행위라고 해석된다. 이는 반복되어서 습관이 되는 경우도 있다. 간질에서도 나타나는데 그 경우에는 건망증이 남는다.[2]

드라마로 시작해서 여행이 광기가 되는 시대적 정신질환의 실재성에 대한 숙고까지...

---

2) 간호학대사전, 대한간호학회

어쨌든 템플스테이로도 유명한 해남의 미황사에서 박하경은 여러 사람과의 짧은 에피소드를 통해 점차 자신에게 집중하고 오롯이 자신을 찾아가기 시작한다.

도솔암

로댕의 발자크상이 오버랩되는 자하루 옆의 달마대사상, 만세루 아랫부분의 고졸한 연화도 벽화, 묵언수행자와 낙조를 바라보던 너덜바위 등 나는 하경의 뒤를 따라 여행했던 곳의 또 다른 면과 좋은 아이템을 발견하기도 했다. 예를 들자면 스님과 소설가 그리고 하경이 함께 마셨던 동정오룡차 같은 것이다. 맛이 너무 좋아 구하기가 어려운 차일 것이리고 지레 짐작하며 묻는 그들에게 스님은 인터넷에서 구한 차라며 부드러운 미소를 띤다. 나는 바로 인터넷을 켜고 동정오룡차를 주문했다. 판매처와 종류도 다양하고 가격도 저렴한, 귀한 차!

이 차는 대만 산지에서 제작한 후 배송이 되기 때문에 주문한지 20여일 이 되어서야 받아볼 수 있었다. 작업실에서 차를 받자마자 급하게 뜯어서 마시는데, 그 맛이 뭐랄까...흔히 아는 맛이다. 하지만 참 맛있었다. 아마도 한동안은 이 차 덕분에 작업실에 머무는 시간이 행복할 것 같다.

한편 달마산 가파른 절벽에 위치한 도솔암은 이른 아침에 가면 조금 더 진입하기 쉬운 산 중턱 도솔암 주차장에서 출발할 수 있다. 하지만 도솔암으로 가는 길은 바위산이기 때문에 바닥에 사선으로 박힌 잔 바위들을 밟을 때 각별히 조심해야 한다. 또 비교적 코스는 짧지만 강렬한 산행이기 때문에 각오 또한 장착하고 떠나야 한다. 무엇보다 산길 요소 요소에 위치한 바위에 올라서면 저 멀리 하늘과 바다가 구분 되지 않는 이상경(理想境)이 펼쳐져 그야말로 무위자연을 느낄 수 있다. 여담이지만 너무 신나서 조심하지 않는 바람에 넘어져서 하마터면 벼랑으로 떨어질 뻔한 아찔한 경험을 했다. 이렇게 결코 쉽지 않은 산행을 하다보면 어느새 커다란 바위 사이로 선경이 펼쳐진다. 마치 도연명이 쓴 〈도화원기〉에서 어부가 좁은 암벽 사이를 비집고 들어가 거친 바위들을 오르내리다가 갑자기 환한 도원을 발견한 것처럼 어느새 오래된 팽나무와 고즈넉한 암자가 그림같이 나타난다. 신선이 산다는 도솔암에서 시원한 바람을 맞으며 내려다보면 아무 일도 그저 아무 일이 아니게 된다.

생각해보면 현재를 살아가는 우리들은 항상 여행을 꿈꾼다. 거창하지 않더라도 일상을 벗어나 조금이라도 다른 시공간에서 소박하지만 기쁨을 발견하는 것. 막연히 떠난 그곳에서 잠시나마 내 마음을 무해하게 즐기는 것…

오늘은 아무 버스나 타고 종점에서 또 종점으로 떠나볼까!

유혜경, 물과 꿈, 116.7×91cm, 장지에 채색, 2021

흰 구름과 바람이 머무는 곳 백운동 원림

지난겨울, 8년 동안 머물렀던 작업실에서 새 작업실로 이사를 했다.

사실 나는 새로운 사람을 만난다거나 새로운 곳으로 이동하는 것을 썩 좋아하지 않는 편이다. 익숙한 곳에서 만나던 사람들과 별일 없이 생활하는 것, 특별히 잘나지도 잘살지도 않고 큰 변화 없이 사는 것을 좋아한다. 그런 나에게 작업실 이사는 큰 모험이자 일생일대의 변화였다.

새 작업실은 요즘 곳곳에 많이 생기는 지식산업센터 건물 21층에 위치하고 있다. 그동안 창문도 열리지 않는 어두운 작업실에서 계절이 지나가는 것도 몰랐던 것에 비하면 고층빌딩 전면 유리창으로 시간을 직관하고, 입구 유리문 틈으로 들리는 사람들의 소리를 들으며 작업하는 것이 아직도 신기하다. 보아하니 같은 층 사람들에게 내 공간은 꽤나 궁금한 곳이었던 듯하다. 출퇴근도 대중없고 때로는 며칠씩 밤낮으로 불이 켜있는 데다 하루 종일 뭘 하고 있는지, 사나운 몰골로 가끔 화장실에서 마주치면 눈길을 피하며 황급히 자리를 뜨는 나의 모습이 호기심을 자아내기 충분했던 것 같다. 어느 날 작품 운송을 위해 작업실 문을

운당원

활짝 열고 작품들을 꺼내고 있는데, 평소보다 꽤 많은 사람들이 작업실 복도를 지나간다. 모처럼 열린 이 공간에 시선을 고정한 채!

전남 강진 월출산 자락에 위치한 백운동 원림은 담양 소쇄원, 보길도 부용동 원림과 함께 3대 별서 정원으로 알려진 아름다운 곳이다. 백운동을 정원이라고 해야 할지 아니면 원림이라 해야 할지 분명하지 않으나 원림이라 부르는 것이 더 좋을 것이다. 일반적으로 원림을 정원과 혼용해서 사용하는 경우가 많다. 그러나 원림과 정원의 원래 뜻은 사뭇 다르다. 정원이라는 말은 일본인들이 명치시대에 만들어낸 것으로 한국에는 강점기에 이식된 단어이다. 또 정원은 일반적으로 도시의 주택에 인위적인 조경작업을 통해 자연 즉 동산의 분위기를 연출한 것이고, 원림은 교외의 동산과 자연 상태를 그대로 조경으로 삼고 또 적절한 위치에 집과 정자를 배치하여 더한 사람의 공간으로써 그만큼 인공이 절제된 곳이다. 이를 볼 때 백운동 원림은 그 성격과 일치한다고 할 수 있다. 하지만 이곳을 가려면 네비게이션에서 백운동정원으로 검색해야 나온다. 이는 보편적 단어 선택이라고 하기에는 아쉬움이 남는 지점이 아닐 수 없다.

작년 10월, 백운동 원림에 처음 갔을 때는 네비게이션이 원림의 후원 쪽으로 안내를 해서 입구를 못 찾아 헤맸었다. 하지만 혹시 이 글을 읽는 독자가 그곳을 찾아갈 때 네비가 널따란 녹차밭으로 안내를 하더라도 결코 당황할 필요가 없다. 그곳은 월출산 다원주차장으로써 별서 뒤편 운당원으로 이어진다. 운당원은 구름까지 닿을 듯한 키 큰 왕대나무들이 숲을 이루고 있어 그 안에 들어가면 바람에 댓잎이 부딪는 소리가 힐링을 부르는 ASMR이 된다. 또 인생샷을 건질 수 있는 핫스팟이기도 하다. 인물 사진에서 초록은 항상 옳다.

운당원 낮은 언덕으로 내려가다 보면 왼쪽은 무성한 대숲, 오른편에는 낮은 담장 안으로 별서 특유의 은일함이 서려있는 한적한 정자와 아름다운 원림의 주요 건물들이 나타난다. 백운동 원림은 조선 중기의 처사 이담로가 조영한 별서정원으로, 그는 빼어난 풍광을 지닌 이곳을 자신의 조경적 식견과 선비의 품격을 담은 정원으로 조영하여 현재까지

취미선방(翠微禪房)

대대로 잘 지키며 문화유산으로 남기고 있다. 현재는 종손인 이승현 어르신께서 이곳 별서에서 생활하면서 2019년에 가문의 동의를 얻어 문화재청과 함께 백운동 원림을 국가지정 문화재로 지정하여 더욱 보존에 힘을 다하며 방문하는 많은 이들과 이곳을 나누고 있다.

지난 가을에는 백운동 원림 후원으로 들어가 거꾸로 원림의 입구에서 다시 풍경을 되짚으며 주차장으로 돌아갔는데, 올해 봄에 다시 그곳을 찾았을 때는 초의선사가 그린 '백운동도'가 안내판으로 있는 원림의 입구에서부터 안으로 걸어 들어갔다. 같은 곳인데도 계절이 다르고 보는 방향이 달라지니 보이지 않았던 것들이 보이기 시작했다. 한편 백운동 원림은 외원과 내원으로 나뉜다. 별서인 내원에 닿기까지 통과하는 원시림은 세월이 켜켜이 내려앉은 바위들이 많다. 또 숲이 울창해서 빛

옥판봉이 한 눈에 들어오는 정선대(停仙臺)

이 잘 들지 않는데 이따금 나뭇잎 사이로 보이는 하늘빛이 참 고와서 가을에는 붉은 단풍이 우거진 계곡바위에서 떨어지는 홍옥같은 물방울을 볼 수 있고, 봄에는 산다경(山茶徑)으로 불리 우는 동백나무숲과 집 둘레에 심은 흐드러진 홍매를 볼 수 있어 좋았다. 한편 백운동 원림의 내원은 별서가 있는 초당과 정자, 본채 그리고 유상곡수로 이루어진 정원으로 구성되어 있다. 특히 내원의 조경 기법을 보면 차경기법이 두드러진다. 또 계곡물을 집안으로 끌어들여 한 바퀴 돌게 한 후 다시 계곡으로 흘러가게 만드는 기법은 옛 시인묵객들이 흐르는 물에 술잔을 띄워 흘러가게 한 후 그 술잔을 받아들고 시를 읊은 후 마시는 왕희지의 난정연회를 잇는다고 할 수 있다.[1] 산허리의 고즈넉한 초당이라는 뜻을 가진 취미선방에서 안뜰을 가로질러 시간의 깊이를 머금고 있는 기와지붕을 이고 있는 작은 문을 지나 계단을 오르면 신선이 머물렀다는 월출산 옥판봉을 조망할 수 있는 정선대가 나온다. 나는 정선대 마루에 앉아 부드러운 바람의 길을 따라 나부끼는 꽃비를 보며 꽤 오랜 시간 머물렀었다. 지금도 눈을 감으면 지저귀는 새소리와 여린 분홍 꽃잎이 손등에 와 닿을 것만 같다.

다산 정약용은 강진에 유배 중이던 1862년 제자들과 함께 월출산을 등정을 시도하다가 정상 등반에는 실패하고 산 아래 백운동에 들러 하루를 묵었다. 그는 아름다운 이곳의 경치를 잊을 수 없어 제자인 초의선사에게 〈백운동도〉를 그리게 하고, 12가지의 풍경을 꼽아 《백운첩》에 수록 했는데 이를 토대로 백운 12경을 복원하였다. 백운동 별서에서 대숲으로 난 길을 걸어 올라가다 보면 어느새 끝도 없이 펼쳐진 녹차밭이 월출산 기암 절경을 배경으로 나타난다. 이곳이 글 초입에서 언급했었던 월출산 다원 주차장이다. 예로부터 강진은 일교차가 커서 녹차의 쓴맛이 덜하다고 전한다. 특히 강진의 백운옥판차는 우리나라 최초의 차 상표로써 다산초당의 제일 어린 제자였던 백운동 원림의 5대 동주인 이시헌이 스승인 다산에게 배운 제다법으로, 해마다 차를 만들어 1년간 공부한 글과 함께 보내기로 한 약속으로부터 시작되었다. 이 약속은 약

1) 박율진外4인, 「강진 안운마을 백운동원림의 승경과 수공간의 조영특성」, 한국전통조경학회지, 29권, 2011.

100년간 집안에 전승되다가 일제 강점기 때 이한영이 우리 차의 자존심과 정체성을 지키기 위하여 백운동 옥판봉에서 딴 차라는 의미로 '백운옥판차'라는 이름을 지어 알린다.

당나라의 시인 백거이는 경제활동이나 여타의 생활 속에서도 은둔의 삶을 즐길 수 있다는 중은을 주장했다. 중은을 달리 생각하면 모처에서의 refresh로도 볼 수 있겠다. 이를 볼 때 나는 작업실이 나의 백운동 원림이자 별서가 아닌가 생각된다. 오늘도 나는 어제와 다름없이 볼썽사나운 몰골로 작업에 몰두하며 은둔하고 있다.

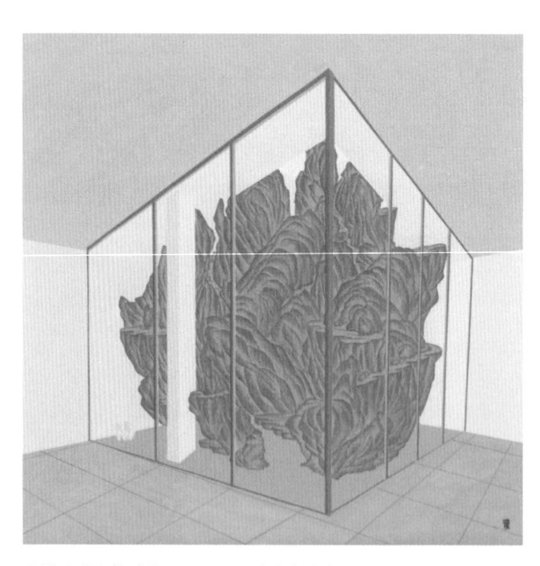

유혜경, 친숙한 낯섦, 60×60cm, 장지에 채색, 2022

2장

홀로 있고 싶을 때
좋은 작은 숲
독수정

어! 분명히 여기 잘 보관한 거 같았는데, 대체 어디에 둔걸까...

일정을 마치고 집에 도착한 시간이 새벽 3시 30분이었다. 반려견과 함께 차를 가지고 제주도에서 8일 동안 가족 모두 움직여야하기 때문에 우리는 목포에서 배를 타고 제주를 왕복하는 일정을 택했다. 나는 보통 여행 일정이 길면 아파트 현관문의 보조 열쇠를 잠그고 떠난다. 사실 도둑이 가져갈만한 귀중품도 딱히 없는데, 그냥 버릇처럼 하는 행동이다. 그런데 바로 그 열쇠가 안 보인다. 우리는 현관문 앞에 여행 가방과 기타의 짐을 모조리 쏟아놓고 반복해서 샅샅이 뒤졌다. 그런데 없다. 그러자 난 생각했다. 완벽주의를 추구하는 내가 열쇠를 두는 곳은 딱 한 군데! 자동차 데크 수납함 안의 비밀공간이라고! 그런데 또 없다. 아무튼 모두가 잠든 새벽 시간에 20여분의 소동이 있은 후 생각지 못한 곳에서 열쇠를 찾아 그제야 집으로 들어갈 수 있었다.

엄마는 건망증이 심하셨다. 나는 그녀가 하는 일이 많다보니 일 처리

하는 과정에서 정신이 없는 것이 당연하다고 생각했었다. 또 세월에 따라 엄마의 음식맛이 변하는 것도 당연하다고 생각했고, 누가 무엇을 가져갔다며 억지 부리실 때도 오해할 수 있다고 생각했다. 그러나 어느 날부터 한밤중이든 새벽이든 시간을 가리지 않고 무시로 밥상을 차리는 것을 보며 조심스럽게 치매를 의심했다. 그렇게 처음으로 치매 진단을 받기 위해 의사 선생님과 마주한 엄마의 시간은 2007년 봄에 머물러 있었다. 몇 번의 검사와 진단을 위해 병원으로 모시고 갈 때마다 그녀는 자동차 뒷자리에 앉아 반짝이는 눈빛으로 아름다웠던 처녀시절과 그때 외할아버지가 첫 딸인 그녀를 얼마나 행복하게 해주었는지를 소녀처럼 들뜬 목소리로 이야기했다. 간과하고 있었지만 그녀도 내 엄마이기 이전에 사랑받는 딸이었던 것이다. 그런 그녀에게 2007년 봄 이후의 시간은 엉킨 실타래처럼 뒤죽박죽, 파편된 시간과 분절된 사건으로 남아 있는 것 같았다. 착했던 그녀는 어느 순간부터 미운 말과 분노의 눈빛으로 모든 사람들을 밀어냈다.

엄마가 치매 진단을 받고 나서 돌이켜보니 하나씩 의구심이 들었던 구슬들이 꿰어져 가며, 더 일찍 발견 못한 나 자신이 더할 수 없이 미웠다. 2015년 줄리언 무어에게 아카데미 여우주연상을 가져다주었던 영화 〈스틸 앨리스〉, 노희경 작가의 2016년 작 〈디어 마이 프렌즈〉를 볼 때만 해도 잦은 건망증으로 인한 나의 치매를 걱정했지 그 대상이 부모님이 될 것이라고는 왜 미처 생각을 못 했을까? 누가 봐도 객관적으로 당연한데...

독수정(獨守亭)

요양원에 입소하기 전 엄마는 억지가 많이 심해졌다. 이성적으로 도저히 이해가 가지 않아 엄마에게 평생 한 번도 안 하던 말대꾸를 했고 우리는 서로 언성을 높여가며 화를 내기도 했다. 치매가 사람을 골라서 오지 않는다는 것을 그때는 몰랐다. 적어도 우리 엄마만큼은 보편적인 치매가 아닌 줄 알았다. 〈디어 마이 프렌즈〉 그 후 8년, 방영 당시에는 나의 미래일지도 모른다는 생각에 등장인물들에 투사를 하며 때로는 웃고, 때로는 눈물짓기도 했었는데 이젠 나의 현실이 되었다. 2021년 이맘때 나는 고향에서 편의점을 운영하시는 외숙모님의 전화를 새벽에 받

독수정(獨守亭)가는 길

곤 했다. 엄마가 새벽 2~3시쯤이면 집에서 나와 어디를 다녀오시는지 항상 땀을 뻘뻘 흘리면서 외삼촌이 운영하는 편의점으로 걸어오신다는 것이다. 꼭 다시 보고 싶은 드라마였지만, 너무 현실이 반영된 이야기라 다시 보기가 두려웠던 드라마 속 희자 이모가 베개를 업고 한없이 걷던 장면이 현실이 된 것이다. 이제는 요양원에서 안전하게 모시고 있지만 짧게 찬란하고 길게 고단했던 삶의 자락들이 그렇게 낯설고 한정된 공간에 머물러야 한다는 것이 사무치게 먹먹해진다. 엄마는 컴컴한 새벽에 기억의 어디쯤에 그렇게 다녀온 걸까. 그리고 땀을 뻘뻘 흘리며 걷고 또 걸으면서 무슨 생각을 하셨을까!

부모님과 마지막으로 갔던 여행지가 담양이다. 그래서인지 담양의 정자나 원림들은 특히 의미가 깊다. 그 가운데서도 독수정은 큰길과 가깝지만 볼 것이 정자 하나밖에 없어서인지 관람객들의 발길이 뜸한 곳이다. 그래서 홀로 있고 싶을 때 딱 좋은 곳이다. 독수정 원림은 고려시대 성행했던 산수원림의 기법을 도입한 것으로 보이며 소쇄원을 비롯한 후대에 세워진 정자들에 영향을 주었다고 한다. 독수정 주변에는 참나무, 회화나무, 느티나무, 왕버들나무, 소나무 등이 원림을 이루고 있다. 이른 봄에는 그윽한 향기의 매화꽃을 한 여름에는 붉은 백일홍, 이른 가을에는 꽃무릇으로 불리는 상사화 군락을 볼 수 있다. 그래서인지 이곳은 정자가 아니라 주변 숲이 문화재로 지정되어 있다.

독수정은 조선 중기에 세워진 담양의 다른 누정과 달리 여말선초에 지어진 건물로써 고려 말 병부상서를 지낸 서은 전신민이 조선 건국 직후인 1393년에 가족과 함께 은거하며 지내던 곳이다. 독수정이라는 이름은 이백의 시구 '夷齊是何人 獨守西山餓'에서 따온 말이다. 이는 백이·숙제가 고사리 캐먹으면서 지조를 지켰던 것처럼 자신도 고려만을 섬기겠다는 의지가 담겨있다. 이곳은 자손들이 관리를 잘 하고 있어 상태가 아주 좋은 편이지만, 1972년에 새로 지으면서 원래 모습이 많이 사라져 아쉬운 점으로 회자된다. 이곳에는 「독수정중수기」를 비롯한 여러 문인과 후손들이 지은 12개의 판액이 걸려 있다. 이 가운데서도 이광수

독수정 마루에서 바라본 풍경

의 「독수정 14경」은 조악한 액자와 건물과는 전혀 어울리지 않는 배치임에도 불구하고 글 하나하나가 풍경과 어우러져 힐링을 더해준다.

> 세상 일 막막하여 생각은 많아지는데 어느 깊은 숲속에 늙은 이 몸 기댈까.
> 천리 밖 강호에서 백발 되고 보니 한 세상 인생살이 슬프고 처량하네.
> 왕손 기다리는 방초는 기는 봄 한탄하고 황제 찾는 꽃가지는 달빛에 눈물짓네.
> 바로 여기 청산에 뼈를 묻어 홀로 지킬 것을 다짐하며 집 한 채 지었네.
>
> -전신민, 「독수정원운(獨守亭原韻)」[1]中-

1) 한국민족문화대백과, 한국학중앙연구원

일반적인 서양의 가옥구조는 외부로부터 사적 공간을 확보하기 위해 벽으로 둘러싼 형식인 반면, 한옥은 창과 방문, 대청마루를 통해 밖을 내다보며 주변 풍광을 끌어안는 형식이다. 이와 같은 이유 때문에 우리나라에서는 지형과 방위를 길흉화복과 연결 짓고 고려하는 '풍수지리'가 발달할 수밖에 없었다. 그래서인지 집이나 정자 등 사람이 머무는 곳은 햇볕을 받아들이기 좋은 남향 또는 동남향이 대부분이고, 북향인 경우는 거의 없다. 그러나 담양 10정자 중 독수정은 유일한 북향 정자이다. 고려 말 충신 포은 정몽주와 절친한 벗이었던 그는 속수무책으로 망해가는 고려를 지켜볼 수밖에 없었다. 그는 북향 정자인 독수정에서 아침마다 고려의 수도였던 개성을 향해 절하며 충절을 다졌다. 독수정의 여러 편액 가운데 '독수정원운'을 보면 전신민이 독수정을 건립한 내력과 슬프고 처량한 심정이 잘 기록되어 있다. 역사적으로는 충의와 절개의 표상인 공간이지만 자기만의 발걸음 그리고 번다한 생각을 잠재우고 싶다면 일부러 시간을 내어 이 가을, 작은 숲의 작은 정자 마루에 신발을 벗고 올라앉아 멍 한 번 길게 때리는 것도 꽤 좋을 듯하다.

지금은 전주의 한 요양원에서 생활하는 우리 엄마가 이제 나를 몰라보신다. 남편과 함께 면회를 갈 때면 멋진 오빠가 왔다며 반색하며 좋아하시는데, 나에게는 눈길조차 안주시다가도 가끔 마음이 쓰이는지 "댁의 엄마가 많이 아프시오? 괜찮으실 테니 울지 말아요."라고 친절하게 말해주신다. 그러다가 "어머니~ 혜경이 좀 안아주세요!"라는 남편의 부탁에 부드러운 손길과 그렇지 못한 거친 표정으로 나를 안아주는 엄마의 눈에는 눈물이 가득 고여있다. 아마도 엄마는 본능적으로 내 새끼라는 것을 느끼는 듯하다. 이렇게 한 달에 한 번 30분, 짧은 만남을 하고 요양원을 나설 때면 이제 더는 눈물이 나지 않는다. 대신 배가 살살 아파 온다. 마치 언어표현이 유연하지 않은 어린아이들이 슬프다는 표현을 배가 아프다고 이야기하는 것과 유사한 느낌이다. 그래도 참 좋다. 이렇게라도 안아볼 수 있고 만질 수 있고, 이야기를 나눌 수 있으니 말이다.

유혜경, 손수건과 지렛대, 45.5×38cm, 장지에 채색, 2022

만인의 별서가 된
큰 섬
제주

꿈같은 섬 제주에 작업실이 생겼다.

퇴직 후 제주에서 남은 삶을 살고 싶다던 둘째 형님은 여러 나라로 파견근무를 다니다가 가끔 한국에 들어올 때마다 제주여행을 하며 오래도록 꿈을 준비했다. 그러다 2013년 즈음 드디어 대정읍 모슬포 쪽에 예쁜 집을 마련했다. 1층은 조경이나 기타 집의 관리를 맡길 수 있는 분에게 세를 주고, 2층을 원룸 두 개로 개조하여 가족들이 제주 숙소로 사용할 수 있도록 배려했는데 그중 한 개를 언제든지 제주에 와 작업할 수 있도록 작업실로 선물해 주신 것이다. 멀리 떨어져 가기 힘든 곳, 바쁜 일상 때문에 마음을 크게 먹어야 갈 수 있는 곳! 제주에 작업하며 머물 수 있는 곳이 있다는 것은 그간 다양한 형태로 힘들어했던 내게 꽤 큰 도움이 되었다. 나는 이번 중간고사 기간에 며칠 짬이 날 듯해 미리 저렴한 항공권을 구입하고, 가서 작업할 소품 몇 개와 채색도구들을 챙겼다. 특히 이번에는 8월 말에 퇴직한 둘째 형님과 한라산에 오르기 위해 성판악코스를 미리 예약해두었다. 남편은 여자 둘만 큰 산에 보내는 것이 불안했는지 금요일 저녁 비행기로 와 토요일 새벽에 한라산 등반을 함께 하기로 했다.

새벽에 도착한 공항은 그야말로 인산인해였다. 여러 매체를 통해 들려오는 소식은 환율이 낮아 인기가 높은 일본 여행 때문에 제주도가 한산하다고 했는데, 비행기를 타기 위해 수속하는 줄이 길다 못해 구불구불하게 늘어선 그 끝이 보이지 않을 정도였고 비행기마다 모두 만석이었다. 아마도 제주는 제주라서 또 제주이기 때문에 그러한듯하다. 사실 이번 제주행은 원고 쓰기, 소품 4개 작업 등 나름 빼곡한 스케줄이 있었다. 뭐 대부분 작업실에 머물러야 하는 일정이다. 그러나 나는 나대로 몇 년 동안 쉬지 않고 달리는 바람에 지쳐 있었고, 형님은 40여 년 동안의 직장 생활을 마친 후의 복잡한 마음을 담은 채 떠나서인지 서로 약속이나 한 듯 느릿하게 일정을 시작했다.

집에서부터 제주 작업실까지 3시간, 이 정도면 별서의 조건이 충분하다. 본래 별서는 조선시대 선비들이 거처하는 본래의 집과 멀지 않은 곳에 조영한 자연과 철학을 담은 원림을 일컫는다. 요즘처럼 정서가 메마르고, 환경도 많이 오염이 된 도시생활을 하는 현대인들에게 있어 이러한 별서정원은 편안한 휴식과 더불어 자연을 만끽하며 역사를 알아가는 곳이기도 하다. 또 별서는 전원지에 은둔과 은일, 또는 순수하게 자연과의 관계를 즐기기 위해 조성한 제2의 주택으로 볼 수 있고 이를 요즘 유행하는 언어로 들자면 세컨하우스라 하겠다.

한국의 별서는 선비들이 자연을 누리며 철학을 향유했던 정원이다. 도시인들에게 마음의 여유와 정서가 메말라가고 있는 요즘, 별서는 우리의 안식처로서, 건강과 지식을 재충전하는 지식의 장으로 다가오고 있다. 현대인들이 고된 도시생활 속에서 휴식하고, 심성을 재충전할 곳은 어디에 있을까? 옛 선비들이 자주 찾아 시문을 노래하고, 문하생을 기르며, 거칠고 여유 없는 마음을 곧게 일으켜 세웠던 자연 속의 소박한 별장, 자연과 철학을 담았던 정원, 한국의 별서를 찾으면 어떨까? 지금부터 이러한 한국의 별서정원을 소개하고 답사기행을 하고자 한다. 아름다운 자연 속에서 자신의 사상과 학문을 논하고, 심신을 고양시켰던 선비들의 수양처, 한국의 별서로 떠나보자.[1)]

위의 글은 이재근 선생님이 2013년 12월, 문화재청이 운영하는 헤리티지채널의 〈명사칼럼-자연과 철학을 담은 정원, 한국의 별서〉 연재를 시작하며 쓴 글이다. 양상은 다르지만 나 또한 작품의 근원으로 작동하던 자연과 이를 소요하는 인간과의 관계에서 원림 또는 별서의 공간심리를 작업으로 들여오기 때문에 〈그리고 그리는 기행〉 연재는 이에 대한 체험을 위한 가장 최적의 선택이었고, 이번 개인전을 준비하며 초봄부터의 발걸음이 작품에 녹아들고 있는 것을 느끼고 있다. 때로는 영감이 떠오르지 않아서 또 활동하는 과정에서 생기는 관계에 대한 회의 때문에 아니면 유형무형으로 점점 높아지는 피로도 때문에 그냥 다 놓아버리고 싶을 때 훌쩍 떠나는 여행! 아무튼 여러 정황을 놓고 볼 때 굳이 지형이나 거리를 따지지 않고 그저 자연에서 삶을 환기할 수 있는 곳에 잠시 거할 수 있다면 그곳이 바로 별서라 할 수 있고, 제주도는 바로 우

1) 이재근, 헤리티지채널, 〈명사칼럼-자연과 철학을 담은 정원, 한국의 별서〉, 2013.

새별오름의 일몰

리나라 사람들이 가장 가까이 여기며 동경하는 '만인의 별서'라 할 수 있다.

이른 아침에 제주에 도착한 우리는 첫날, 가을이 오자 한층 깊어지고 짙어진 바다의 물빛을 보며 커피 한잔을 놓고 물멍을 했다. 이튿날 아침에는 느지막이 일어나 호밀빵 몇 쪽과 집에서 내린 커피를 보온병에 담아 송악산 정자에 앉아 활기차게 오가는 사람들을 보며 즐겼다. 송악산 주차장에는 수학여행 온 고등학생들의 맑은 웃음소리, 친구들과 여행 온듯한 이들의 행복한 말소리들로 가득했다. 우리는 그 틈에 끼어 부드러운 바람과 따스한 가을 햇살을 받으며 빵과 커피를 즐겼다. 사실 형님과 나는 서로가 바쁜 탓에 이때까지 단둘이 이야기를 하거나 무언가를 함께 한 적이 없었다. 그런데 이야기를 해보니 취향이나 입맛이 비슷해서 제주에 머무는 내내 서로 편안한 시간을 보낼 수 있었던 것 같다. 어쩌면 그녀가 배려해준 덕분에 내가 이런 느낌을 가졌을 수도 있겠다. 집으로 돌아와 형님은 뜨개질을, 나는 작은 화판에 채색 작업을 했다. 이윽고 오후 늦은 시간, 해가 서서히 내려오는지 사방이 잘 익은 오렌지색 깔로 물들기 시작했다. 일몰이 시작된 것이다. 우리는 조용히 바다가 보이는 창가에 앉아 일몰을 감상하며 다음날에는 노을 맛집인 새별오름에서 일몰을 보자고 약속했다.

제주의 가을 하면 억새 명소를 빼놓을 수 없는데, 제주 서부 중산간 오름지대 가운데 으뜸가는 새별오름에는 가득 피어난 억새가 시선이 닿는 곳마다 솜털처럼 보송보송한 꽃무리로 수놓은 은빛 물결이 절경을 이루고 있다. 사람 키높이까지 자라 살랑살랑 나부끼는 억새를 보면 마음이 편안해지고 여기에 노을이 더하고 일몰을 맞이하려는 사람들과 함께하니 더할 나위 없이 낭만적이었다.

올해 들어 꽤 많은 산을 오르내렸다. 달마산, 설악산, 태백산 외에도 여러 산을 오르내렸지만 정점은 한라산 등반이었다. 사람들은 나에게 왜 등산도 싫어하면서 자꾸 산을 오르느냐고 묻는다. 스케치하러 가는 것도 아니기 때문에 그냥 몸을 고되게 하는 것처럼 보이나보다. 산에 오

한라산 백록담

르면 아무것도 아무 일이 아니게 된다. 물론 호연지기를 키우고 산에서 내려와도 달라지는 건 없지만 그런 기억이 나에게 여백을 주고 마음에 근육을 만들어주는 것 같다. 이러한 이유로 이번에도 든든하게 산행을 준비한 후 동트기 전 준비를 마치고 성판악 주차장에 도착했다. 전날 밤 뉴스를 보니 올해 첫서리가 한라산에 내린다더니 새벽 5시에 한라산 통제소에서 진달래대피소까지만 등산이 가능하다고 문자가 왔다. 아뿔싸! 모름지기 백록담까지 오르지 않음을 한라산 등반이라 하지 않는 우리는 그래도 산행을 하기로 결정했다. 산의 날씨는 언제든 바뀔 수 있고, 주위에서 날씨요정이라 일컫는 내가 있지 않은가! 카파도키아에 갔을 때도 거셌던 바람이 이내 잠잠해져 열기구를 탔고, 몇 년 전 독도 스케치를 갔을 때도 3미터의 파도 높이 때문에 배를 못 띄운다고 했는데 결국 파고가 낮아져 독도 스케치를 하고 왔단 말이다. 이날도 어김없이 오전 8시 10분쯤 기상특보가 해제되어 백록담까지 정상 등반 가능하다는 문자가 왔다. 역시 한라산은 영산인가 보다. 산이 허락해야 들어갈 수 있는…

한라산은 소문처럼 결코 쉽지 않은 산이었다. 일명 너덜길이라 불리는 바윗길이 꽤 많아 어렵고도 힘들었다. 그러나 성판악 코스는 대부분 숲으로 이루어져 있어 상쾌하고 힘들게 오를 수 있다. 진달래 대피소를 지나 조금 오르니 기온이 사뭇 달라지며 앙상한 나무들이 여기저기에 보인다. 상고대다! 상고대는 기온이 0도 이하일 때 대기 중의 구름이나 안개 입자들이 수증기가 나뭇가지나 바위 등에 부딪쳐 얼어붙는 현상을 말한다. 잘못 만졌다가는 칼날처럼 날카로워 손을 베기 십상이다. 이날 우리는 한라산 첫서리가 만들어준 선물, 올해의 첫 상고대를 영접한 것이다. 이렇게 한라산 백록담 인근 고지대에 상고대가 활짝 피어 눈이 부시도록 아름다운 장관을 이뤄 탐방객들의 탄성을 자아내게 했다. 이뿐인가, 한라산 구상나무에도 상고대가 피면서 하얀 세상이 돼 감탄사를 자아내게 했다. 새벽에 집을 나설 때는 정상에 못 올라갈 것 같아 아쉬웠는데 날씨가 화창해 제주도가 환하게 내다보이고 단풍과 더불어 예상하지 못했던 상고대 핀 모습을 보니 가슴이 뭉클해졌다.

백록담은 흰 사슴을 탄 신선이 내려와서 물을 마셨다는 전설에서 기인하여 명칭이 되었고, 2007년에는 유네스코 세계자연유산으로 지정

한라산 상고대 2023.10.21

되었다. 백록담은 생각보다 크고 또 깊었다. 물이 말라 있어 더욱 깊어 보였던 걸까? 백록담 둘레에는 기암괴석들이 병풍을 친 듯이 둘러 있고 그 사이로 상고대가 앉은 향나무 · 구상나무 · 철쭉 등이 우거진 숲을 이루고 있다.

이곳을 찾았던 백호 임제는 『남명소승』에서 "옛날에 사냥꾼이 한라산 정상에 올라 사슴을 쏘려다가 잘못하여 활집을 스쳐나가 하늘의 배를 쏘았다. 옥황상제가 크게 노하여 주봉을 뽑아 버리니 움푹 파인 데가 백록담이 되었고, 뽑은 봉우리는 대정 남쪽으로 옮겨 놓았으니, 산방산이라고 부른다"라고 하였다. 이 글을 접한 청음 김상헌이 『남사록』에 다음과 같은 기록을 남기고 시를 지었다.[2)]

2) 신령한 분화구인 백록담 (신정일의 새로 쓰는 택리지 7)

백록담까지 4시간 30분 만에 등반을 완료했지만 원점으로 돌아오기는 말할 수 없이 어려웠다. 탐방예약시간인 아침 8시부터 탐방 시작 후 하산한 시간인 저녁 7시까지 꼬박 11시간이 걸렸다. 산속에서는 해가 빨리 지기 때문에 10월 21일 기준, 오후 2시부터는 모두 하산을 시작했음에도 불구하고 나를 포함한 등산객 여러 명이 해가 지고도 한참이 돼서야 겁에 질린 얼굴로 돌아왔다. 남편은 지난 태백산 산행에서 이미 나를 파악했기 때문에 미리 랜턴을 준비했다며 거친 바위길을 밝혀 주어 고마움을 더했다. 다행히 둘째 형님은 평소에 운동으로 몸을 다진 상태라서 그런지 우리 중 제일 산악인 같은 면모를 풍기며 앞서 내려갔다.

자고 일어나면 어느 감정이든 수위가 조절되는 것 같다. 어제부로 민폐녀로 등극할까 봐 한라산 완등의 뿌듯함도 잊은 채 전전긍긍했는데, 아침에 일어나보니 그저 좋았다. 한라산 정상 즈음에서 내려다보이던 제주도의 풍경, 낮게 움직이는 구름, 백록담 가장자리에서 언 손을 호호 불어가며 마시던 차가운 커피와 딱딱했지만 고소하던 누룽지, 무엇보다 백록담을 둘러싼 기암들이 어서 작업실에 가서 스케치하고 싶은 욕구를 불러일으켰다. 작업시간으로 굳이 따지면 작업실에서는 온종일 그림을 그리다가 쉬기를 반복하며 지낸다. 그러나 제주에서는 오히려 작업시간에 비해 효율이 높은 편이다. 그 이유는 모두 알 듯하다.

언제였을까! 이렇게 편안한 마음으로 지냈던 여유가. 훌쩍 떠나는 것도 연습이 필요하다.

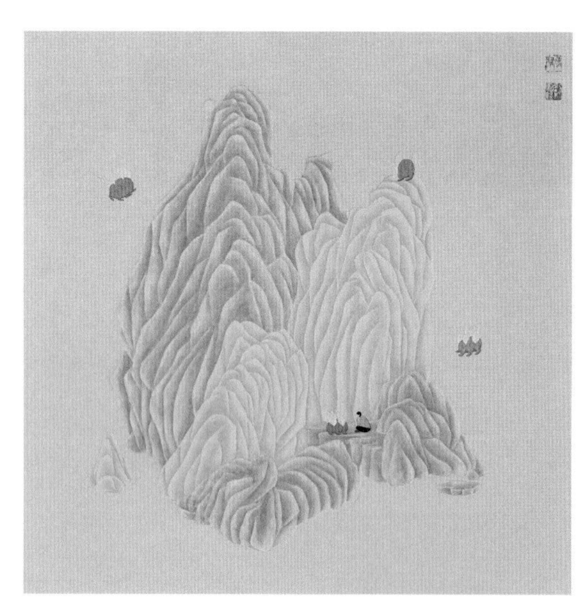

유혜경, 산중한담도山中閑談圖, 60×60cm, 장지에 채색, 2022

느닷없이 떠난 여행
안동 여행기

안동 게스트하우스

아침 수업이 있는 날은 대개 잠을 설친다. 딱히 완벽주의자라서 일찍 나서는 것도 아닌데, 행여 지각하면 학생들이 기다리고 있을가 봐? 아니 솔직히 말하자면 애매하게 강의실에 들어가 마음이 헝클어진 상태로 학생들과 마주하는 것이 거북한 것이다. 그래서 1교시나 2교시 수업이 있는 날은 거의 잠을 설치고 새벽에 학교로 출발한다. 차라리 한 두 시간 일찍 가서 커피를 마시며 자료를 보거나 학교에서 시간을 보내는 것이 더 낫다. 이를 볼 때 나는 상황에 따라 완벽주의 그 언저리 어디쯤에 있는 것이 분명하다. 이런 나를 데리고 사는 게 때로는 고단하다.

그날도 이른 아침에 학교로 가던 중 자동차 기름이 거의 바닥을 보여 잠시 셀프주유소에 들렀다. 주유구에 주유건을 꽂아 놓은 후 무심코 하늘을 보다가 나도 모르게 혼잣말을 뱉었다. "안동이나 갈까!" 이 말을 시작으로 그날은 하루 종일 수업을 하면서도 설레었다. 오후 6시, 그날의 수업이 모두 끝난 후 차에 앉아 오늘 밤 묵을 안동 숙소를 검색하기 시작했다. 터치 한번 만으로 다양하고도 자세한 숙소 정보들이 쏟아져 나왔다. 이제 선택하기만 하면 되는데, 그동안 혼자 떠나는 여행을 많이 해봤지만 이렇게 아무 계획도 없이 그냥 떠나는 여행, 게다가 늦은 시간에 현지에 도착해 바로 잠을 자러 들어가는 것은 처음이라 숙소 선정이 고민스러워졌다. 나는 고민 끝에 지금껏 한 번도 가보지 않았던 게스트하우스를 가보기로 결정했다. 게스트하우스의 특징은 나와 같은 여행자들이 함께 묵는 곳이라 저렴하고 또 같은 성별만 들어갈 수 있는 방으로 구성되어 있어 안전하며 때로는 정서적으로 교감할 수 있는 새로운 친구를 사귈 수 있어 이야기를 나눌 수도 있고 여정을 함께 할 수도 있다고 들었다. 그렇게 시내 중심에 위치한 여성전용 도미토리 6인실을 예약하고 바로 안동으로 출발했다.

이미 어두워진 시간에 출발해 안동에 도착한 시간은 밤 10시가 지나 있었다. 생각해 보니 외박을 위한 준비가 전혀 되어있지 않아서 문을 연 마트를 찾아 잠잘 때 입을 현란한 꽃무늬의 만 원짜리 원피스를 사고 맥주 한 캔도 구입해서 숙소로 갔다. 야심한 밤에 혼자 온 게다가 여행자로도 보이지 않는 복장을 한 여행객인 나를 보며 게스트하우스 사장님은 "출장 오셨나 봐요."라고 시크하게 말을 건네며 일회용 샴푸와 바디

클렌저 그리고 수건 한 개를 주고 내가 묵어야 할 방을 안내하셨다. 나는 큰 용기를 내 "오늘 그 방에 몇 명이 함께 자나요?"라고 물었다. 그렇다. 나는 보기보다 소심하고 내성적인 성격이라 낯선 사람에게 질문하거나 질문받는 것을 매우 꺼려하는 편이다. 요즘 아이들 언어로 '라떼는' 혈액형으로 성격을 이야기하는 것이 대세라 한때는 혈액형으로 나를 소개할 때 "저는 트리플 A형입니다."라며 마음속의 말로 '웬만하면 저한테 말을 걸지 마세요.'라는 복선을 깔았었다. 요즘은 MBTI 성격유형 검사가 보편적이라 대부분 처음 만나면 가볍게 서로 MBTI를 물으며 상대방의 성격을 참고하기도 한다. 그렇다고 맹신하는 편은 아니지만 대체로 그 사람의 성격과 양상이 비슷한 것 같아 개인적으로 소통을 할 때 참고가 된다. 어쨌든 나는 MBTI 검사를 여러 번 해도 항상 INFJ 가 나온다. 소위 인프제라고 불리는 이 성격 유형의 사람들은 두 개의 인격이 한 몸에 공존한다고 이야기한다. 이런 내가 마음속 질문을 외부로 발설할 때는 꽤 용기가 필요한 편이다.

그날 밤 게스트하우스 6인실에 묵는 사람은 나 혼자뿐이었다. 전혀 안락하지 않아 보이는 2층 침대 3개와 공동욕실 1개 그리고 작은 TV, 작은 씽크대로 구성되어 있는 객실에 혼자 있자니 살짝 무서운 생각도 들었다. 나는 이내 마음을 다잡고 언젠가 꼭 가고 싶은 산티아고 순례길의 숙소를 미리 체험하는 것이라 생각하며 맥주를 홀짝거리면서 생각했다. '오늘 밤에 잠을 자기는 어려울 것 같아' 길어질 밤을 생각하니 맥주를 고작 한 캔만 사온걸 후회하며 잠시 침대에 누웠다. 역시 침대는 매우 딱딱했다. 그러나 숙소 컨디션에 비해 깨끗하게 세탁된 이불과 앙증맞게 작고 낮은 베개에서 나는 향긋한 냄새를 맡으며 나는 다시 '역시 불편해 역시 오늘 밤은 잠을 못 잘 것 같아.' 이런 생각을 하며 눈을 감았는데 눈을 떠보니 아침이었다. 그만 푹 잔 것이다! 어쨌든 양치와 세수만 하고 짐을 챙겨 나와 보니 아직 이른 아침인 7시 30분, 게스트하우스 로비는 환하게 불이 켜져 있고 토스터기 옆에는 식빵과 커피포트가 준비되어 있었다. 나는 토스터기에 식빵 두 개를 넣고 버튼을 누른 후 잠시 고민에 빠졌다. '아무도 커피를 안 마신 것 같은데 내가 커피를 내려놓으면 식겠지, 그럼 미안해서 안 되는데' 결국 커피는 생략하고 노릇하게 잘 구워진 빵 두 쪽만 손에 들고 아무도 없는 안쪽을 향해 "잘 쉬다 갑니다. 잘 먹을게요!"하고 허리 숙여 인사하고 가벼운 발걸음으로 안동 여행의 첫 번째 목적지인 월영교로 향했다.

월영교는 낙동강위에 만들어진 폭 3.6m 길이 387m에 이르는 현재 우리나라에서 가장 긴 나무다리다. 이곳 안동댐 유역은 예로부터 전해 내려오는 명칭이 달골이었으며 강 건너 산 중턱에는 옛 선비들이 강을 내려다보며 시상을 떠올리고 읊었던 월영대가 옮겨져 있다. 또한 강 북쪽에는 안동 시가지를 감싸 안은 영남산이, 남쪽 하류에는 영호루가 있다. 그래서인지 달빛이 이곳 호수를 비추는 밤이면 한 폭의 동양화 같은 아름다운 광경이 펼쳐진다고 한다. 그러나 이번에는 이른 아침에 갔기 때문에 아쉽게도 그와 같은 풍경은 다음 기회로 미루고 대신 혼자서 유유자적 안동호를 가로지르는 월영교를 걸으면 느릿느릿 흐르는 호수와 병풍같이 둘러친 산, 호반 둘레길을 걸으며 낭만적 경치를 만끽할 수 있었다.

세계적으로 우리나라의 편의점은 SNS나 유튜브 컨텐츠 등을 통해 매우 유명하다고 들었다. 아마도 없는 것 빼고 다 있어 여러 면에서 편리하기 때문인 듯했다. 나는 월영교 주차장 건너편 편의점에서 여행자를 위한 작은 기초 화장품 키트와 썬크림 그리고 커피를 사서 차에 앉아 정성을 다해 바르고 난 후 다음 목적지인 안동 봉정사로 향했다. 사실 안동은 이번이 처음은 아니었다. 지난봄 병산서원의 백매와 홍매를 보기 위해 처음 안동에 왔고 이후 내내 안동을 그리워했었다. 그러다 이날 아침 즉흥적으로 안동 여행을 계획 한 후 떠나 지난밤에 체크인하면서 게스트하우스 사장님께 다음날의 여정에 대해 짧게 얘기를 했었다. 사장님은 내가 가고자 하는 5개의 목적지를 들은 후 최적의 경로를 정해 설명해 주었다. 아마도 이 설명을 듣지 못했다면 아마도 안동을 종횡무진 누비며 갔던 곳을 다시 무수히 지나갔을 것이 분명하다. 이를 볼 때 게스트하우스는 저렴한 숙박이나 여행 정보 취득 면에서 꽤 유용한 것으로 보인다. 아마 나는 다음 여행도 게스트하우스를 이용하게 될 것 같다.

월영교에서 봉정사까지는 20분 정도 걸린다. 봉정사 주차장에서 다시 아름드리 소나무 숲을 한참 올라가야 봉정사 경내와 만날 수 있는데 다행히 나는 주차 안내하시는 분의 도움으로 일주문까지 차를 가지고 올라갈 수 있었다. 일주문은 '속세에서 벗어나 불계의 영역에 발을 들이는' 경계(境界)의 문이다. 이곳을 지나 맑은 공기와 한층 더 높아진 푸른 하늘 그리고 적당히 정갈한 숲을 보며 걷다 보면 어느새 봉정사 안내판이 있는 곳에 다다른다. 다시 오른편으로 가면 한창 보수 중인 목조건물 만세루가 나오고 그 언덕 밑으로 난 오르막길을 오르면 드디어 봉정사 경내에 진입하게 된다. 천년 고찰인 봉정사는 규모는 작지만 천년이라는 시간을 압축해 고스란히 품고 있는 듯한 느낌을 준다. 고즈넉할 것이라고 생각했던 작은 산사는 생각보다 그렇지 않았다. 무어라 표현하기 조심스럽기 때문에 그냥 "생각보다 그렇지 않았다"고 쓴다. 유명인이 방문했고 그의 말과 행동 그리고 사진이 난삽하게 수록된 커다란 광고판이 그랬고, 현란한 색의 플라스틱 연등 행렬이 그랬다. 그럼에도 불구하고 살아있는 건축 박물관이라 불리는 봉정사에는 우리나라에 현존하는 가장 오래된 목조 건축물인 극락전이 있다. 극락전은 고려 공민왕 12년(1363년)에 중수했다는 기록으로 볼 때, 건물의 건축 시기는 그 이전일 것으로 추측된다. 한편 오랜 시간 동안 봉정사의 이곳저곳을 배회하는 내 모습

봉정사 가는길

봉정사 영산암 우화루

을 지켜보던 어떤 여인이 조심스럽게 다가와 말을 걸었다. "오늘 아침에 시집을 두 권 받았는데 짐이 되지 않는다면 드릴까요?" 살다가 이런 말 건네기를 받는 건 또 처음이라 나는 적잖이 당황했지만 티를 안 내며 "감사합니다."하며 책을 건네받았다. 이 대답에 대한 미소를 시작으로 그는 나와 이런 저런 이야기를 나누게 되었다. 알고 보니 그는 봉정사 문화해설사인 이랑기님이며 예전보다 문화해설을 신청하는 분들이 많아지긴 했지만 오늘은 너무 한가하다고 했다. 그렇다면 이런 좋은 기회를 놓칠 수 없다고 생각하여 그에게 동행을 요청했다. 해박한 지식을 지닌 그는 대웅전과 극락전 그리고 무엇보다 아껴두고 맨 나중에 보려고 했던 영산암등 봉정사에 대한 이야기와 정보를 들려주었다. 봉정사의 건축물은 조선시대와 고려시대의 건축 양식이 공존하는 유일한 곳이며 부처님의 보살핌인지 신기하게도 전쟁의 화마를 피해 현재 우리가 천년의 문화를 향유할 수 있는 곳이라는 점도 알게 되었다.

봉정사 사찰의 중심인 대웅전은 조선 초기에 지은 것으로 전해지는데 불당 앞에 툇마루가 있는 것이 독특하다. 이 마루는 신발 없이도 이동이 편리함과 동시에 대웅전 앞뜰을 향한 문을 열고 닫음에 따라 공간이 외부로 확장되는 기능을 한다. 이를 보면 사찰 건축도 별서의 가옥구조에서 보이는 안과 밖의 변증법을 내포한 지혜가 엿보인다. 극락전은 우리나라의 가장 오래된 목조 건물로써 고려시대 건물이지만 삼국시대 건축 양식을 내포하고 있다. 이곳은 맞배 지붕에 주심포 양식의 건축물로 배흘림기둥에 판문이 있어 양쪽 살창의 내부에서 보는 극락전 마당의 석탑이 정겹게 느껴진다. 한편 극락전과 대웅전 사이에는 작은 석조불상 하나가 존재하고 있다. 이 불상은 안정사석조여래좌상으로써 원래 안정사에 있다가 안동댐 건설로 안정사가 폐사됨에 따라 봉정사로 옮기게 되었다고 전한다. 9세기경에 제작되었을 것으로 추정되는 이 석불은 작지만 엄숙한 느낌을 준다. 그러나 석불이 원래 있었던 안정사가 수몰이 되어 현재는 수중 사찰이 되어 있을 것을 상상하니 조금 안쓰럽다는 생각이 들었다.

봉정사 대웅전의 동쪽에는 영산암이 지척에 있다. 이랑기선생님과

안정사석조여래좌상

소소한 이야기를 나누며 고목나무 터널의 계단을 오르자 석가모니 부처님이 법화경을 처음 설법할 때 하늘에서 꽃비가 내려 그 이름을 붙이게 되었다는 우화루(雨花樓)가 보였다. 영산암의 입구인 우화루 밑을 지나 돌계단을 오르자 마당에 깊이 뿌리 내려 하늘을 향해 용트림하는 오래된 소나무와 작은 초목들이 있는 정겨운 작은 마당이 나타났다. 영산암은 전통적인 사찰의 구조와는 달리 조선조 선비들의 고택에서 흔히 볼 수 있는 'ㅁ' 자형의 구조로, 마치 마당을 위해 건물을 배치한 것 같은 느낌이 들었다. 마루에 오르지 말라는 안내판이 없음을 알고서야 나는 신발을 벗고 관심당 툇마루로 올라서 우화루 마루에 앉아서 누각 밖으로 보이는 초록을 한껏 품에 안았다. 이곳에서는 온종일 앉아 있어도 시간 가는 줄 모르겠다는 생각이 들었다. 바래가지만 고풍스러운 영산암의 단청처럼 저렇게 살아도 꽤 괜찮겠다고…

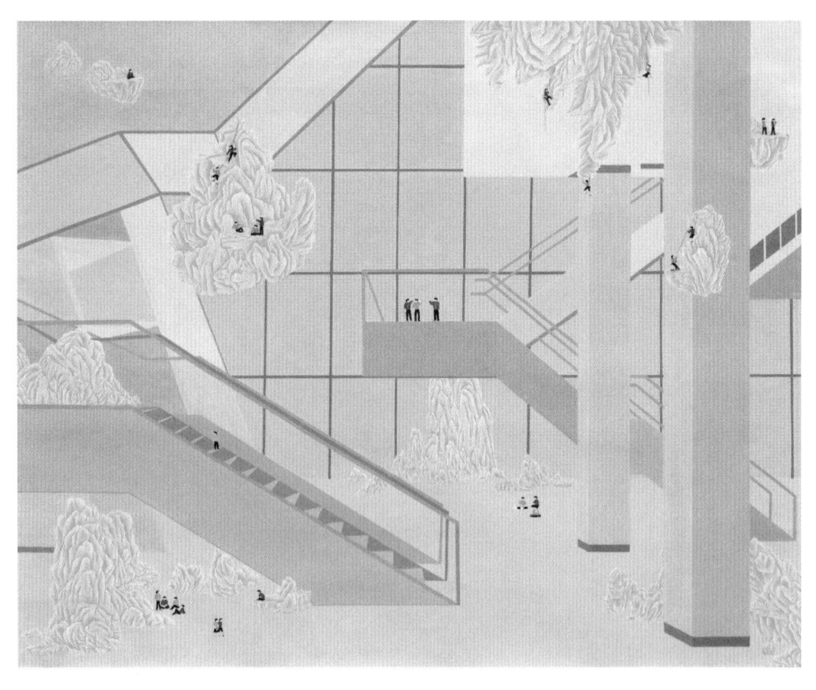

유혜경, 眞景_Homo Ludens, 130×162cm, 장지에 채색, 2020

春마곡,
산사의 아침
마곡사

예전 같으면 긴 겨울을 견뎌내느라 애쓴 우리들을 마치 위로라도 해 주듯 산수유, 매화, 개나리, 진달래, 목련 그리고 벚꽃 등, 서서히 순서대로 피던 꽃의 향연이 몇 년 전부터는 그 간격이 점점 짧아졌다. 그러다가 올해는 개화가 늦어져 여러 꽃 축제를 계획했던 지자체 주최 측에 시름을 주더니 지역을 막론하고 거의 일제히 피었다가 비슷한 시기에 다 함께 꽃잎을 떨구었다.

봄 그리고 벚꽃

일찍 결혼하고 세 아이를 키우면서 공부하고 작업한 탓에 계절이 오는지 가는지도 모르는 채 살았다. 물론 매해 봄마다 흐드러지게 핀 벚꽃을 보며 일관되게 설레었고, 매번 "이 일만 마무리하고 나서 벚꽃놀이를 반드시 즐길꺼야! 그래도 한 그루는 남아 있겠지 그러면 그 벚꽃나무 밑에서 막걸리 한 잔을 마시는거지!"라고 결심했었다. 대다수의 사람들은 작가는 작업실에 머물거나 전시 때 나타나는 것 외에는 대체로 한가롭다고 생각한다. 심지어 자기가 좋아하는 일을 직업삼은 즉 덕업일치를 이루었지만 몇몇 작가 말고는 대부분 현실감각이 무딘 사람이라고들 공공연하게 이야기한다. 그도 그럴 것이 내 경우만 해도 계절을 돌아 볼 시간도 없이 바쁜 이유로 작업에 대한 욕심을 첫 번째로 들 수 있겠다. 작가로 살아가면서 좋은 전시 기회가 올 때마다 기획 의도에 부합한 작품을 그리기 위해 매번 신작을 준비하다 보니 여유를 부릴 수가 없었던 것도 있었다. 물론 내가 계획하고 감흥이 일어 작업한 작품도 의미가 크지만, 가끔은 좋은 기획전에서 다양한 작업을 하는 작가들과의 작품을 통한 정서적 교류도 꽤 흥미롭다. 그래서 나는 전시 제안이 담긴 메일을 열 때는 잔잔하고도 짜릿한 흥분을 감출 수가 없다.

올해는 만개한 벚꽃 아래서 막걸리를 즐길 수 있는 시간이 충분하다고 생각했는데, 이번에는 내 생활과의 엇박자 때문에 그 시간을 또 놓치고 말았다. 대신 한적한 오후에 살랑살랑 바람과 함께 떨어지는 아름다운 꽃비를 맞았으니 그것으로 되었다. 그리고 이어진 담록색의 계절, 여린 잎 그 가녀린 살밑으로 뼈가 드러난 산의 형상이 기분 좋은 간지러움과 함께 견딜 수 없는 산행에 대한 욕구를 불러일으킨다. 나는 인터뷰할 때마다 항상 "등산이 정말 싫다!"고 이야기한다. 그런데도 산을 올라가 실경 스케치를 한 후 드로잉을 토대로 작업해야하기 때문에 시간 날 때마다 산을 오른다. 비단 산을 오르는 이유가 작업 때문일까? 생각해보면 딱히 그것만은 아닌 듯하다. 산에 오르며 차오르는 숨을 초록의 숲과 나누는 과정, 때로는 한 조각의 하늘도 보이지 않는 울창한 원시림을 뚫고 나서자마자 벅차게 마주하는 거대한 산의 골격들, 그곳에서 나는 작

마곡사 대광보전과 오층석탑

디작은 존재가 되어 주섬주섬 드로잉북을 펼치고 송구한 마음으로 붓을 든다.

어느 날 새벽, 그날도 나는 작업실에서 12시에 잠들었다가 새벽 5시에 일어나 작업을 하다가 문득 새벽이슬을 잔뜩 머금은 산사에서 아침을 맞이하고 싶다는 생각이 들었다. 나는 지체없이 차를 타고 충청남도 공주에 위치한 마곡사를 향해 달리기 시작했다. '춘마곡 추갑사' 이는 계절의 아름다움이 봄에는 마곡사가 최고요, 가을에는 갑사가 최고라는 이야기다. 그만큼 마곡사의 봄 풍경이 아름답다고 한다. 春마곡! 아름다운 마곡사는 충남에서 가장 험하다는 차령산맥의 깊숙한 곳에 위치해 있다. 그곳은 워낙 깊은 산속이라 옛날에는 사람이 숨어들면 아무도 찾지 못한다는 『정감록』의 십승지 마을로도 알려져 있고, 마곡사 주변은 이중환의 '택리지'에서도 꼽을 만큼 절경을 자랑한다.

출발한 지 약 2시간 후 마곡사 마을 입구 주차장에 도착했다. 지난번에 마곡사에 왔을 때는 마곡사 근처 주차장에 차를 세우고 둘러봤었다. 독자 중에서 혹시 마곡사에 갈 때 절 방문만이 목적이 아니라면 굳이 사찰 근처 주차장까지 올라갈 필요 없이 마곡사 입구 마을 주차장에 차를 세우고 그곳에서부터 마곡사 경내까지 향하는 길의 아름다움을 즐기기를 추천한다. 마곡사 입구의 번잡한 상가를 지나면 왼쪽에는 고즈넉한 숲, 오른쪽에는 길과 나란히 흐르는 마곡천의 졸졸 물소리가 귀를 가득 채운다. 이렇듯 시원한 물소리에 마음을 씻으며 이른 아침에 산사로 향하는 사람들의 두런두런 말소리를 BGM삼아 걷다보니 드디어 시야에 한 폭의 수묵화처럼 마곡사가 들어온다. 마곡사는 신라 문무왕 때 자장율사가 창건한 천년 고찰이며 이 절의 명칭은 자장율사가 당나라 유학 시절 스승인 마곡화상을 기리는 마음으로 마곡사라 지었다고도 하고 또 예로부터 태화산 골짜기에 마가 많이 자라서 이름 붙여졌다고도 전한다. 또 다른 이야기로는 법문을 듣기 위해서 찾아온 사람들이 '삼과 같이 무성'하여 마곡사라고 하였다고도 하고, 이 주변에 마씨 성을 가진 사람들이 많이 살았다는 이야기도 있다.

마곡사 대광보전 측면 사찰벽화

마곡사의 정문이자 속세를 벗어나 부처님의 세계 즉 법계로 들어가는 해탈문과 동서남북의 불법을 수호하는 호법신장인 사천왕상이 안치된

마곡천

천왕문을 지나면 극락교 너머로 아기자기한 가람이 보이고, 극락교 다리 아래로 마곡천이 사찰을 가로지르듯 흐른다. 해탈문과 천왕문 왼편으로는 영산전과 수선사, 매화당 등 스님들의 수행공간이 있고, 대광보전과 대웅보전은 극락교 너머인 가람 안쪽에 위치해 있다. 아마도 마곡천이 현세와 극락을 나누는 경계인 듯하다. 극락교 아래 냇물에는 돌로 만든 거북이 여러 마리가 다리를 건너는 사람들의 시선을 사로잡는다. 극락교를 지나 절 안마당에 들어서니 오층석탑과 그 뒤로 켜켜이 쌓인 세월의 기품을 머금은 아름다운 대광보전이 보이고 그 뒤로 웅장하고도 화려한 이층 지붕을 인 대웅보전이 올려다 보인다. 새벽 예불이 끝나고 아침 공양이 한창인지 분주한 행자들과 템플스테이를 하는 이들의 행렬, 마곡천 징검다리를 말없이 건너는 스님의 모습도 보였다. 마당 한 쪽 벤치에 앉으니 아직 이른 봄날 햇살에 물든 사찰이 어여쁘기 그지없다. 아무 생각 없이 떠나 맞이한 산사의 아침은 일상에 지친 나에게 색다른 경험을 하게 했다. 이를테면 마음속을 헤집는 번뇌를 덜어내는 것, 잠시 생각을 멈추고 천천히 걷고 바라보는 것 등……

내가 마곡사를 좋아하는 이유 가운데 하나인 대광보전은 마곡사의 중심 법당으로 꽃무늬 문살, 사찰벽화, 탱화 등 세세하게 둘러볼 곳이 많아 되도록 천천히 둘러보는 것이 좋다. 먼저 대광보전 현판은 조선 후기를 대표하는 문인화가이자 단원 김홍도의 스승으로 알려진 표암 강세황의 글씨로 알려져 있다. 또 대광보전 내부에서는 진리 자체를 상징하는 부처님인 비로자나불이 동쪽을 향해 앉아 있는 모습을 볼 수 있다. 대부분 비로자나불은 남쪽을 향해 봉안되어 있다. 마곡사의 비로자나불 뒷벽에는 18세기 후반 조선회화의 특징을 그대로 살린 수월백의관음도가 있고 대광보전 내외부에는 16나한, 사천왕뿐 아니라 다양한 산수화가 남아 있어 불교미술의 큰 맥인 남방화소의 중심으로 그림을 그리는 선승들의 그림을 볼 수 있다.

한편 대광보전에는 참나무 껍질로 만든 삿자리[1]이야기도 전한다. 조선후기에 다릿병을 앓던 한 사람이 부처님께 공양하기 위해 100일 동안 지극정성으로 삿자리를 짰는데, 삿자리가 완성되던 100일째 되던 날 그는 어리석은 사욕이었음을 절감하고 부처님께 그저 용서와 감사를 드리기 위하여 불편한 몸으로 절을 하고 절뚝거리며 걸어 나갔는데 영화 〈유즈얼 서스펙트〉의 주인공처럼 점점 그 걸음이 자연스럽게 걷게 되었다는 즉 부처님이 그 사람의 정성에 은혜를 베풀었다는 이야기로서 몇 년 전까지 대광보전 바닥에 삿자리가 그대로 남아 있었다고 한다. 한편 대광보전 앞에는 오층석탑이 사찰의 중심에 우뚝 서 있다. 때로는 목화 화분들이 또 때로는 초록의 싱그러운 화초와 형형색색의 작은 꽃들

1) 삿자리(bullrush mat): 갈대 등을 쪼개 펴서 만든 자리

이 에워싼 오층석탑은 나라의 기근을 막는 탑으로 유명하다.

마곡사에는 세조와 김시습의 이야기도 전한다. 세조가 왕위를 찬탈하자 책을 불사르며 울부짖던 생육신의 한 명인 매월당 김시습이 마곡사에 은거하고 있다는 이야기를 듣고 세조는 그를 회유하러 마곡사를 찾았다가 결국 만나지 못하자 영산전 현판 글씨와 자신이 타고 온 연(輦)을 남겼다고 전한다. 또 마곡사는 백범 김구 선생의 흔적도 간직하고 있다. 김구 선생은 청년 시절, 명성황후를 시해한 일본에 대한 적개심으로 황해도에서 마주친 일본군 장교 츠치다를 살해한 죄로 복역하던 중 탈옥해 마곡사에 은신했다. 김구 선생은 마곡사에서 승려가 되기로 결심하고 이곳에서 반년 남짓 원종이라는 법명을 가진 승려로 지내다 환속해 중국에서 독립운동을 이어갔다. 훗날 광복 직후인 1946년, 선생은 마곡사를 다시 찾아 경내에 향나무를 심었다. 그때 심은 향나무가 응진전 옆에서 60여 년의 세월을 지키며 오롯이 서 있다.

마곡사가 있는 태화산 자락에는 마곡사 솔바람길이 조성되어있다. 이 길은 아무렇게나 굽어있지만 오랜 세월 기품 있게 버티고 선 적송들이 숲을 이루어 은일함을 얻을 수 있다. 이곳에서는 이제 막 시작되는 마곡사의 신록과 솔숲 사이로 연분홍빛 물결이 화사하게 일렁이는 진달래 군락에 잠시 발길을 멈추는 것도 꽤 좋다. 비우라 강요하지 않고 조용히 품어주는 산사의 고요함은 머무는 동안 '침묵'이 가져다주는 또 다른 행복을 느끼기에 충분하다. 아무 생각 없이 그렇게 한참을 앉아 있다가 천천히 대웅보전 쪽으로 올라가 이곳저곳을 어슬렁거리다보니 '그대의 발길을 돌리는 곳'이라는 작은 입간판이 눈에 띄었다. 이는 속세에서의 '관계자외 출입금지'를 완곡하게 표현한 것이다. 인간의 본능적 호기심에 대한 금지를 이렇듯 유연하고도 투박하게 거치한걸 보며 나는 아무 저항감 없이 기분 좋게 발길을 돌렸다.

속세로 향한 극락교를 다시 건너니 사람 소리, 물소리가 다시 귓가를 맴돌기 시작한다.

마음아,
천천히 천천히 걸어라.
내 영혼이 길을 잃지 않도록

-박노해 시인[1]-

유혜경, 방(倣) 배렴산수도, 40×40cm, 장지에 채색, 2021

1) 박노해, 『걷는 독서』, 느린 걸음, 2021

맑은 계곡물이
졸졸 흐르는
계곡에 집을 짓고
남간정사

11층 병동 휴게실에서 바라보는 도시가 습기로 자욱하다. 아직 5월인데 이렇게 더우면 올여름은 또 어찌 견딜까. 얼마 전부터 가족의 수술 때문에 병원생활을 하게 되었다. 현대식으로 지어진 이 병원은 첨단기술이 적용된 전산 시스템으로 보다 체계화되고 효율적인 시스템으로 환자들을 관리한다. 그리고 코로나 이후 강화된 면회 체계가 본의 아니게 병동에 조용한 질서를 가져다주었다. 예외는 항상 존재하지만...

한낮 간호 스테이션이 갑자기 소란스러워졌다. 할머니 한 분이 병동을 임의로 나서려다 제지를 당해 항의하다가 급기야는 "왜 나만 못 나가게 해"라며 고함을 지르면서 휠체어에서 일어나다가 그만 휘청한 것이다. 간병인과 간호사 선생님 세 명이 달려들어도 노인 한 분을 당해내지 못했다. 할머니는 험한 욕설과 주먹질을 아무에게나 해댔고 결국 소식을 받고 달려온 전문경호원과 함께 입원실로 돌아갔다. 문득 '우리 엄마가 저랬었겠구나!' 생각이 들며 주체할 수 없이 눈물이 터져 나왔다. 엄마는 70대 초반에 비교적 이른 치매 판정을 받았다. 엄마를 잠식한 미운 치매는 수시로 화를 내고 아무나 의심하며 상상도 못한 폭력성으로 드러났다. 이 때문에 요양병원에 입원했다가 쫓겨나기를 여러 번, 미국에 사는 언니까지 한국으로 와 부모님을 돌봤는데 종내는 엄마의 심해진 배회증세 때문에 코로나가 한창이던 2020년 10월에 가족의 동의하에 입원을 결정했다. 당시는 코로나로 인하여 비대면 수업을 하느라 전전긍긍하던 시절이었기 때문에 쉽사리 휴강을 결정 못 한 나는 엄마 입원하는 길에 함께 할 수 없었고 그 후 면회마저 금지되어 오랫동안 엄마 얼굴을 볼 수 없었다.

지난 5월 초, 엄마가 계시는 전주 요양원으로부터 오랜만에 어버이날 대면 행사를 한다며 참석 여부를 물어왔다. 이번 행사는 엄마가 머물고 계시는 방까지 들어갈 수 있고 또 모처럼 긴 시간을 함께 있을 수가 있으니 당연히 가야 했다. 남편과 나는 모처럼 두 팔을 활짝 벌려 격하게 환영하는 엄마와 함께 요양원 관계자들이 정성 들여 준비한 어버이날 행사를 울고 웃으며 즐겼다. 이윽고 행사가 모두 끝나고 엄마가 생활하는 방으로 가서 침구를 매만져보고 옷장도 열어 양말과 옷가지들도 살펴보았다. 시종일관 무표정한 얼굴로 우리를 응시하던 엄마는 순간순간 공허한 시선을 창밖에 두곤 했다. 엄마 냄새, 이렇게 가까이에서 온기를 나눈 것이 언제였던가! 작년 이맘때 지정된 면회시간인 30분이라도 엄마를 보기 위해 전주에 갔다가 면회가 끝난 후 요양원을 나서며 어찌할

바를 몰라 하는 내 모습을 보고 남편은 집으로 오는 길에 대전 남간정사를 들르자고 했다. 그는 그동안 내가 가고 싶다는 별서정원이나 원림에 대한 이야기를 흘려듣지 않고 담아두었던 것이다. 꽤 오래전부터 보고 싶었던 도심의 별서, 남간정사는 우암 송시열이 숙종 때 학문을 이어갔던 유서 깊은 곳으로, 수맥을 피하는 우리의 건축 심리와는 다르게 계곡물이 건축물의 대청 밑을 통하여 연못으로 흘러드는 매우 독특한 조경 기법으로 조성된 곳이다.

현재 대전 동구 가양동 우암사적공원안에 위치한 남간정사는 우암 송시열이 숙종 9년인 1683년, 나이 77세에 계족산 낮은 산자락 아래에 지은 별서정원이며 제자들에게 성리학을 가르치던 서당이다. 남간정사의 명칭은 우암의 학문적 지표인 주자의 시 '운곡남간'에서 따온 이름으로 남간은 양지바른 곳에 졸졸 흐르는 개울이라는 뜻이다. 시 운곡남간에서 노자는 '상선약수'라 하여 물은 순리대로 흐르기 마련이라고 전한다. 이는 욕심을 잠시 내려놓고 자연 속에서 자연을 스승삼아 마음을 수련해야 함을 뜻하는 것이다. 이 때문인지 우리는 남간정사라는 당호만을 들어도 자연을 집 안에 끌어들이고 집이 자연의 일부가 되게 하는 그림 같은 주변 풍광을 떠올리게 된다.

남간정사는 정면 4칸 측면 2칸 팔작지붕으로 된 기와집으로써 총 8칸 중 앞쪽 가운데 네 칸이 대청이다. 그리고 서쪽 두 칸은 방이며 동쪽 두 칸은 뒤쪽 한 칸이 방이고 앞쪽 한 칸이 대청과 연결되었지만 대청보

남간정사 정면

다 한 단이 더 높은 누마루가 있고 누마루 아래쪽에는 아궁이가 있어 불을 땔 수 있다. 이렇듯 남간정사의 양쪽 방은 축대 위에 세워졌고 대청은 다리를 걸치듯 공중에 떠 있다. 그 아래로는 집 뒤꼍 냉천이라는 샘에서 흘러나온 물과 계족산 산에서 내려온 물이 대청 밑과 건물을 감싸고 도는 물길을 통해 연못으로 흘러간다. 남간정사의 이러한 건축양식과 정원조성 방식은 특이하기 그지없다. 살펴보면 건물의 대청이 다리 역할을 하고 있는 것이다. 또한 건물의 앞이 연못이다 보니 사람들은 건물 앞이 아닌 뒤쪽으로 출입을 해야 한다. 다시 말해 남간정사로 들어가려면 허리를 굽혀 작은 문을 통과한 다음 뒤꼍으로 들어가야 한다. 이는 자연을 그대로 활용한 조선 시대 건축양식과 학자의 은인자중하는 삶의 자세를 엿볼 수 있는 대목이 아닐까. 내가 갔을 때는 냉천이 거의 말라

남간정사와 연못 전경

빗물만 조금 고여 있었다. 실제 대청 밑을 통해 연못으로 향하는 물길은 그 길을 따라 듬성듬성 초록색의 풀숲을 통해 물길이 지나고 있음을 짐작게 한다.

남간정사 앞의 연못 가운데에는 신선이 산다는 봉래산을 표방한 작은 섬이 있고 섬의 한가운데에는 왕버드나무가 홀로 서 있다. 그렇게 초연한 모습으로 서있는 왕버드나무와 높이 20m가 넘는 고목 벽오동, 선이 아름다운 배롱나뭇가지가 길게 드리워진 연못으로 얼마 전까지 오리 가족들이 살았는데 어느 날 흔적도 없이 사라져 많은 사람들이 아쉬워하고 또 그 친구들이 다시 와주기를 바란다는 문화 해설사님의 이야기가 초록빛으로 흩어진다. 우리나라 정원은 자연 경관을 최대한 유지하면서 차경의 원리를 이용하여 그 범위를 확대해 나가는 방식이 일반적인데

남간정사는 흐르는 물 위에 건물을 지음으로써 좀 더 적극적인 차경을 도모했던 것으로 보인다. 한편 남간정사 앞쪽 연못가에는 거대한 버드나무가 제 몸을 지탱하지 못해 지지대의 부축을 받고 있다. 그 앞으로는 담담하면서도 아름다운 건물인 기국정이 송구하게 서있다. 그저 건축물일 뿐인데 이런 느낌은 왜일까……안내문을 보니 알 수 있었다.

> 기국정은 우암 송시열이 소제동 소제방죽 옆에 세웠던 건물이다. 선생은 소제에 연꽃을 심고 건물 주변에는 국화와 구기자를 심었는데, 연꽃은 군자를, 국화는 세상을 피하며 사는 것을, 구기자는 가족의 단란함을 각각 의미한다. 선생은 이곳을 찾는 손님들과 학문을 논하며 지냈는데, 선비들이 구기자와 국화의 무성함을 보고 건물 이름을 기국정이라 불렀다. 이 건물은 본래 초가지붕이었으나, 선생의 큰 손자가 기와지붕으로 수리하였고, 그 후 소제방죽이 메워지면서 건물도 차츰 허물어지게 되자 1927년에 이곳으로 옮겼다.
>
> -우암사적공원 안내문-

그래서인지 남간정사와 기국정은 서로 불편한 모습으로 서 있는 것으로 보인다. 원래 우암이 의도했던 바대로 존재해야 그 건축의 미가 돋보일 텐데 아쉬운 일이다. 예로부터 집은 자연의 일부라고 한다. 우암의 건축들은 자연에 거슬리지 않고 관조하며 유연하게 살아가는 우리 전통문화의 미덕을 보여주고 있다. 또 그의 단아한 고택은 지조와 품격을 지닌 선비인 주인의 모습과 닮아있다.

남간정사에서 나와 왼쪽으로 난 문을 열고 나가면 넓은 잔디광장이

남간정사 뒤편-냉천

펼쳐지고 잔디 광장 끝부분에는 아름다운 정자가 있다. 오른편으로는 계곡물이 흐르는 수로에 이름 모를 야생화들이 우거져 있는 쪽으로 나가는 문이 있다. 우암사적공원으로 올라가기 전에 먼저 건너편 장판각으로 갔다. 장판각은 건물 자체가 숨을 쉬는 형식인 과학적 환기 시스템으로 설계가 되어 있어 별도의 인공 장비 없이 집 자체만으로도 목판을 효율적으로 보존할 수 있는 것이 꽤 흥미로웠다.

장판각에는 송시열의 문집을 발행한 '송자대전' 목판이 보관돼 있다. 현재 장판각에 보관 중인 송자대전판은 1819년에 괴산 화양동에서 지어졌던 장판각이 소실된 후 1920년대 후손과 유림들이 남간정사에서 다시 판각한 것이다. 우암 송시열은 대유학자답게 사대와 성리학 문제에 대해서는 매우 완강하고 교조적이었다. 그러나 〈송자대전〉을 보면 수구적이고 반개혁적인 인물이라는 일반적인 평가와는 달리 혁신적인 사고를 보인 것도 많다는 것이 역사학자들의 지적이다. 우암은 아내에게 깍듯이 존댓말을 쓰고 외출 뒤에는 항상 아내와 서로 큰절로 맞절을 했다고 전한다. 그는 인권론자이면서 개혁론자이기도 했다. 또한 한글 애용자이며 여성교육을 중시했던 유학자로 유명하다. 여자도 사람대접 받으려면 학문을 통해 인간의 도리를 깨우쳐야 된다 했고, 과부의 재혼 금지법은 너무 잔인하다며 부녀자들의 재혼 허용을 주창했으며 그의 여군창설 주장대로 정사에는 실제 여포수 제도가 만들어지기도 했다고 기록되어 있다.[1)] 그는 또 서자의 등용 기회와 노비제도의 완화도 주장했다. 나라의 우환이 닥치는 때는 왕이 덜 쓰면 된다며 왕의 금고인 내수사 폐지를 주청하였다.

위태로운 돌이 가파르고 험한 모습으로 아래를 향하고

높은 숲 푸르게 우거지며 위를 향한다.

그 가운데를 가로지르며 흐르는 물로

모든 것이 무너지듯 뒤섞이는 모습이 너무나도 아름답다

-주자, 〈운곡남간〉 中-

병원에서의 하루하루는 진공상태의 체감으로 다가온다. 환자 간호가 주목적이지만 24시간 돌봐야 하는 것은 아니라서 잠을 자거나 쉴 수 있는 잉여의 시간이 꽤 주어진다. 그러나 그게 마냥 편할 수는 없어 피로가 마음의 무게만큼 쌓인다. 이번에 내가 경험한 병원생활은 정책의 어긋남 때문에 전공의들이 부재한 자리에 간호인력들과 교수들이 더욱더 분주하게 다닌다. 이는 그간 지속된 마찰로 인한 불편을 환자들이 되도록 체감하지 않게 하려는 나름의 노력이 아닌가 싶다. 사실 진단받고 현

---

1) 이종근, 〈달이 뜨면 올곧은 선비정신이 남간정사를 휘감는다〉, 새전북신문, 2022.4.

재까지 진료하는 과정에서 우리가 느끼는 불편은 그다지 없었다. 과중한 업무 때문에 많이 고단할 텐데도 항상 따뜻하게 이야기해 주고 살펴주는 병원 관계자분들 모두에게 큰 박수를 보내드리고 현재 투병 중에 있는 모든 사람들에게 용기와 응원을 보낸다.

유혜경, 스스로 자라는 산 I, 66cm×48cm, 장지에 채색, 2023

무박
남해여행
보리암

대학원 재학시절 예술가의 눈으로 하루를 살아보기 한 적이 있다. 이는 해뜨기 전 이를테면 도시가 꿈틀대기 전에 모처에서 모여 해돋이부터 해질녘까지 차를 타고 어느 지점에서 다른 지점으로 이동하여 그 시간 그곳에 온전히 존재하는 것이다. 단 서두에도 말했듯이 예술가의 눈으로 말이다. 사실 교수님이 이 제안을 하셨을 때 만해도 우리들은 '놀러 간다' 생각했다. 한편으로 생각하면 논다는 표현이 맞을 수도 있겠다. 우리는 학교 정문 앞에서 5시에 만나 먼저 양평 두물머리로 이동했다. 도시를 누가 제일 먼저 깨울까? 보편적인 질문은 우리가 익히 생각했던 보편적인 답으로 나타난다. 깊은 새벽, 도시의 몸을 구석구석 단장시키는 환경미화원들의 분주함과 첫차일지도 모르는 버스의 어스름한 조명 아래 차창에 기대어 모자란 잠을 자면서 어딘가로 향하는 사람들을 보며 어딘지 모르게 거대한 유기체가 꿈틀대며 잠에서 깨고 있다는 인상을 받았다. 도시가...기지개를 켜며 잠을 깨고 있는 것이다! 동이 트려는지 부옇게 밝아오기 시작한 두물머리에는 물안개가 자욱했다. 우리들은 10월 말 차가운 새벽바람에 움찔하며 겉옷을 최대한 야무지게 여

보리암에서 바라본 바다

미고 강가로 나가서 누가 먼저랄 것 없이 뿔뿔이 흩어져 저마다의 하루를 시작했다. 이후 경기도 광주의 어느 습지, 들꽃 가득했던 류미재, 화담숲 등 북한강을 거슬러 오르며 시작했던 하루를 한강을 따라 아래로 아래로 내려오다가 저녁 8시 무렵 경기도 용인 어느 곳에서 일정을 마무리했다. 당시 내가 예술가의 고뇌에 과도하게 이입하여 작업 하고 있을 때라 그랬는지 아니면 일종의 예술적 허세였는지는 모르겠지만 '예술가의 눈으로 하루살기'는 지금까지 내내 기억 속에서 강하게 자리하고 있다.

밤 11시 40분 서울역에서 출발한 버스는 두 번 정도 휴게소에서 휴식한 후 밤새 달려 새벽 5시 40분에 보리암 제1주차장에 도착했다. 셔틀버스는 오전 8시부터 운행 시작이지만 이날은 여행사에서 미리 예약을 해두어서인지 새벽인데도 불구하고 버스를 타고 제1주차장까지 올라갈 수 있었다. 보리암에서 바라보는 일출이 아름답기로 소문이 자자해서 내내 가고 싶었지만 늘 그렇듯 먼 거리와 시간을 내기가 쉽지 않은 이유로 미루고만 있었는데 드디어 온 것이다. 깜깜한 어둠속에서 사람들의 말소리만 두런두런 들리는 가운데 여행비서님의 인솔을 따라 복곡탐방 지원센터를 지나 보리암으로 올라가기 시작했다. 사전지식이 없던 터라 그때만 해도 보리암으로 오르는 길이 산책 정도인 줄 알았다. 무려 보리암, 암자인데...

한치앞도 안 보이는 어둠에서는 되려 귀가 밝아진다고 들었다. 그래서인지 더듬더듬 걸어가는 길에 바람에 나뭇가지들이 흔들리는 소리와 함께 산새소리가 더욱더 선명하게 들린다. 의식이 깨어나고 있다고 할까. 깊은 어둠이 익숙해지며 원초적인 시각이 살아날 무렵 누군가가 핸드폰 전등을 켰다. 나는 그럴 수 있다고 생각하면서도 꾸역꾸역 화가 나기 시작했다. 조금 참으면 어둠이 익숙해질 때쯤 날이 점점 밝아질 텐데 그새를 못 참고 전등을 켜서 산통을 깨고 있다고 생각이 들어 한 마디를 하고 싶었다. 하지만 그 말마저 할 수 없었다. 왜냐면 올라가는 길이 생각보다 길고 높으면서 고난이도라 숨이 찼기 때문이다. 다행히 그분은 바로 전등을 껐고 우리는 20분 정도 오르막길을 등에 땀이 나게 걸으면서도 산길의 여명을 즐겼다. 보리암에 도착해 숨을 고르며 바라 본 다도해는 한 폭의 수묵화 같았다. 이어 장엄한 일출! 먹빛 섬들 사이 하늘과 바다를 황금빛으로 물들다가 붉은색으로 변하더니 이어 해가 뜬다. 문득 고개를 돌려보니 금산의 기이하고도 웅장한 바위들이 빛을 발하고 있었다. 나중에 일고 보니 암자를 지나 서쪽 산등성이로 약 600m 너 가야 하는 상사바위에서 보는 보리암 일출이 최고라고 했다. 비탈에 지어진 보리암의 전경을 그것도 해 뜨는 풍경을 자연과 함께 조망할 수 있으니 얼마나 아름다울지 짐작이 간다. 어쨌든 이날은 동행이 있어 풍경뿐만 아니라 내 사진도 여러 장 남길 수 있었다. 사실 밤새워 간 탓에 굉장히 험한 몰골이라 찍기가 뭣하긴 했지만 어차피 나만 볼 사진이기에 찍히고 찍고를 많이 했다.

남해 여행을 떠나기 2주 전, 오랜 친구와 통화하다가 무박여행과 일출 그리고 그 여행이 나에게 줄 즐거움에 대해 한참 떠들어댔더니 그 친구도 이 여행을 예약했다. 나는 서울역에서 그녀는 잠실에서 버스를 타고 출발해 남해로 가는 동안 자리는 떨어져 있지만 마음은 함께해서인지 이날 여행은 특별하게 기억되었다. 자주 만나지 못하지만 오랜만에 봐도 좋고 익숙한 친구와 여정을 함께하며 같은 풍경을 보고, 같은 것을 먹고 마시고, 한 방향으로 걸으며 이야기를 나누는 즐거움이 참 좋았다. 돌이켜보니 30대 초반에 만나 어느덧 중년이 되었는데 그동안 우리는 한 번도 함께 여행한 적이 없었다. 오래된 인연인데 아이러니하게도 이날에야 나눈 소소한 대화 가운데서 서로의 새로운 면을 발견하고 공감하면서 우리는 다음 여행도 계획하기로 했다. 혼자 하는 여행도, 함께 하는 여행도 좋은 요즘이다.

강원도 양양의 낙산사, 강화 석모도의 보문사, 여수 향일암, 남해 보리암은 한국의 4대 관음성지로 유명한 곳이라 전국에서 많은 방문객들이 끊이지 않는다. 특히 보리암은 금산 정상에 위치해 있어 높은 산중, 그것도 기암괴석 사이에 지어진 사찰이라 경이로움이 느껴진다. 여담이지만 내가 그동안 다녔던 절이나 암자들은 다수가 현대의 그 무엇이 많이 들어와 있었다. 이는 보리암도 포함한 것이다. 이 때문에 옛 사찰의 고즈넉함과 운치가 남아있는 곳

보리암 금산산장

이 생각보다 많지 않아 속이 상했던 적도 여러 번 있었다. 어찌 보면 욕심일 수도 있지만 옛것은 잘 보존되어 정취를 느낄 수 있어야 한다는 바람이다. 그렇게 생각하며 보리암 뒤편을 걷고 있는데 바닥에 커다란 바위가 나무 데크 사이에 잘 보존된 것이 보였다. 많은 사람들이 기도하러 오고 또 노니는 공간이라 안전과 편의를 제공하고자 만든 데크지만 자연을 훼손하지 않고 서로 좋은 영향을 주고받도록 치밀하게 설계되어 있는 것이다. 다시 생각해 보니 그런 곳이 꽤 많다. 오래된 나무 한 그루를 살리기 위해 건축 설계를 고쳐 한 것이나, 적극적인 차경을 위해 인간이 머무는 공간을 협소하게 만든 곳 등.

해맞이를 한 후 보리암 뒤편으로 돌아가니 해수관음상이 아침햇살을 받으며 서있다. 불교에서 관음은 세상의 소리를 듣는 보살이다. 살아있

아침햇살의 금산

는 사람들의 소원을 잘 들어주는 관음보살이 있는 보리암은 신라 시대 원효대사가 바위 절벽에 초당을 짓고 수도하면서 보광사로 개창했는데, 조선시대에 '깨달음의 길로 이끌어 준다(菩提)'는 뜻을 지닌 보리암으로 이름이 바뀌었다고 한다. 예로부터 보리암은 한 가지 소원만은 반드시 들어준다는 전설이 내려온다. 그 탓일까 사시사철 금산에는 간절한 걸음들이 머문다.

우리는 왔던 길을 되짚으며 계단을 올라 금산 정상으로 향했다. 봉수대가 있는 금산 정상으로 가는 길에는 커다란 바위에 새겨진 바위글과 바위 속에 파묻혀 있으면서도 씩씩하고 건강하게 자라고 있는 줄사철나무를 볼 수 있다. 이 나무의 수령은 약 150년으로 추정되며, 외줄기 독립수(1주)로 바위에 의지하여 주변 식생이나 기후환경에 적응해 살고 있다는 점에서 생태학적으로 중요한 평가를 받고 있다고 한다. 한편 바위

글은 우리나라의 다양한 곳에서 볼 수 있지만 특히 금산에만 약 70여 곳의 바위글에 옛 선조의 흔적이 남아있어 중요한 연구 자료가 되고 있다. 해발 681m 금산 정상에서 조망한 바다는 해무 때문인지 섬들이 안개바다에 둥둥 떠다니는 것 같았다. 우리는 아침햇살을 받으며 한참을 서 있다가 보리암과 함께 유명한 금산산장으로 내려가기 시작했다.

SNS를 통해 보리암 극락전과 함께 사진 찍기 좋은 명소로 널리 알려진 금산산장은 100년이 넘은 곳으로 예전에는 비구니스님들이 기거하는 암자였다가 60여 년 전부터 산장으로 사용되었다. 현재는 컵라면과 파전 등 간단한 주전부리를 즐길 수 있는 곳이다. 언제 왔는지 많은 사람들이 간이테이블과 바위 곳곳에 앉아 컵라면을 먹거나 인증샷을 남기느라 여념이 없다. 이곳 컵라면이 젊은 층을 사로잡은 건 경치의 힘이 크다. 산장 양쪽으로 큼직한 바위가 솟아 있어 그 바위 사이로 보이는 바다 풍경은, 그야말로 컵라면 맛을 기가 막히게 바꿔놓는다. 그렇다 이곳은 누구와 함께 먹더라도 추억이 될 만한 경치 명소인 것이다. 가파르게 흘러내린 산자락 아래 펼쳐진 들판 그리고 부드럽게 휘어진 상주 은모래 해변에 부서지는 아침 햇살 그리고 절 근처에 사는 고양이들의 귀여운 재롱.

금산에서 가장 크고 웅장한 상사바위 그리고 아홉 개의 샘이 있다는 구정암, 진시황의 아들 부소가 유배되어 살다 갔다는 부소암은 사람의 뇌를 닮았다고 한다. 또 보리암 뒤편에 우뚝 솟은 위엄있는 대장봉과 허리 굽혀 절하는 형리암의 위태로운 모습도 제대로 보기 위해서는 다시 천천히 시간을 두고 가야 할 것 같다. '2차 예술가의 눈으로 하루살기' 프로젝트를 계획하면 어떨까!

유혜경, 헤테로토피아적 놀이공원, 45.5×3361cm, 장지에 채색, 2022

신들의 거처,
영실(靈室)
제주 산행

이른 아침부터 서둘러 김밥 2줄, 생수 2병 그리고 귤 6개와 약간의 사탕과 초콜릿을 챙기고 떠난 한라산 산행은 작년에 이어 두 번째다. 작년 이맘때 성판악코스로 백록담까지 등반했다가 내려오기까지 무려 11시간, 산은 오를 때 보다 내려가는 것이 더 힘들다고 했던가! 그날의 아찔했던 기억이 아직도 생생한데 또다시 한라산이다.

몇 년 전 문화재단 선정 작가로 만난 청년 기획자 선생님이 제주 여행이야기를 하면서 "작가님이 가시면 굉장한 영감을 받을 곳"이라고 추천해준 영실(靈室)탐방로는 길이 5.8km, 윗세오름 아래, 백록담 밑 남벽 분기점까지 약 2시간 30분 정도가 소요되는 등산로다. 특히 영실 코스는 한라산 등산로 중 가장 짧으면서도 병풍바위 등 기암절벽과 발아래 펼쳐지는 한라산의 수려한 풍경과 더불어 멀리 제주바다가 어우러져 가장 아름다운 구간으로 손꼽힌다. 현재 영실에서 백록담까지의 구간은 안전상의 문제로 통제되어 갈 수 없다. 하지만 울창한 숲과 오백나한 바

한라산 영실 병풍바위

위들을 비롯한 영실기암, '돌이 있는 자갈평지'라는 뜻을 지닌 선작지왓, 위에 있는 세 오름이란 뜻으로 백록담에 가까운 것부터 붉은오름, 누운오름, 새끼오름으로 불리는 윗세오름까지 영실 탐방로를 오르내리는 내내 탄성을 자아내게 한다. 이곳은 차가 등산로 바로 앞인 1,280m 고지까지 올라갈 수 있기 때문에 조금 더 수월하게 출발할 수 있다. 하지만 일찍부터 주차장이 만차가 되기 일쑤라 이왕 갈 예정이면 이른 아침에 도착하는 것도 좋겠다. 만약 대중교통으로 신들의 거처인 영실을 올랐다면 내려갈 때는 한라산 영실 코스와 더불어 가장 인기 있는 한라산 등반 코스 중 한 곳인 어리목 코스나, 원시림의 신비로운 숲속 계곡인 돈내코쪽으로 내려가면 한라산의 풍경을 보다 다양하게 감상할 수 있다. 특히 '멧돼지가 물을 먹기 위해 내려오는 길'이라는 뜻의 돈내코 계곡 원앙폭포로 가는 산책로 곳곳에는 자생하는 겨울딸기가 많아 운이 좋으면 한 겨울에 야생 딸기를 맛볼 수 있다고 한다. 또 동백나무도 많아 겨울에도 산책하기 좋은 곳으로 알려져 있다. 물론 어리목코스에 있는 어리목 광장에서 열리는 겨울 눈꽃 축제도 일품이다.

영실은 말 그대로 신들의 거처(居處) 즉 신이 자리를 잡고 사는 장소이다. 옛사람들은 기이한형상의 바위들이 솟아 있는 모습이 마치 석가여래가 설법하던 영산(靈山)을 연상케 한다고 하여 이곳을 영실(靈室)이라 불렀다고 전한다. 영실의 기암 중 가장 압도적인 병풍바위는 1,200여 개의 석주가 빙 둘러쳐져 있는 형상이 마치 병풍을 쳐 놓은 것 같다. 또 이 바위들이 설법을 경청하는 불제자들의 모습과 비슷하다고 해서 오백나한이라고도 불렀으며, 또한 오백장군 설화와 연계하여 오백장군이라고 부르기도 한다. 그래서인지 탐방로를 들어서면서부터 숲에 신비함이 가득했다. 작년에 다녀왔던 성판악 코스와는 달리 등산로에 인공과 자연이 잘 어우러지면서도 걷기 좋게 조성되어 있어 올라가면서 힘은 들었지만 또 그렇게 힘이 들지 않았다. 왜냐면 수백 개가 넘는 크고 작은 기암들 즉 오백나한 바위들이 우리가 오르는 산을 휘감고 있어 멀리는 쪽빛 바다가, 가까이에는 단풍이 깃든 한라산의 오묘함이 기분 좋게 걸음을 재촉하기 때문이다. 이곳에 안개라도 서리면 얼마나 신이해 보일까...

'오백장군'은 한라산에 있는 경승 가운데 하나인 영실(靈室)에 있는 기암괴석에 얽힌 전설로, 옛날 어떤 어머니가 아들 오백 형제를 낳고 살았다. 식구는 많은데 흉년까지 들어 끼니를 잇기도 힘들었다. 어느 날 어머니는 아들들에게 양식을 구해 와야 죽이라도 쑤어 먹고 살 수 있다고 하였다. 이에 오백 형제는 모두 양식을 구하러 나갔다. 한편 어머니는 큰 가마솥을 걸어 놓고 아들들이 돌아오면 먹일 죽을 끓이기 시작했다. 그런데 어머니는 죽을 젓다가 그만 발을 잘못 디뎌 솥에 빠져 죽고 말았다. 양식을 얻으러 나갔던 오백 형제는 집에 돌아와 보니 죽이 있어 먹기 시작하였다. 막내가 죽을 먹으려고 솥을 저을 때 이상하게도 틀림없는 사람의 뼈다귀를 발견하였다. 순간 막내는 어머니가 죽을 끓이다가 솥에 빠져 죽은 사실을 알아차렸다. 막내는 어머니가 빠져 죽은 죽을 먹은 불효한 형들과 함께 있을 수 없었다. 막내는 통탄하며 멀리 떨어진 제주시 한경면 고산리 차귀섬까지 달려가 끝없이 울다가 바위가 되어 버렸다. 그때야 비로소 형들도 어머니가 솥에 빠져 죽은 사실을 알고 여기저기 늘어서서 통탄하다가 모두 바위로 굳어져 버렸다. 이렇게 변한 바위가 오백장군이다. 막내는 차귀섬에 있으니 영실에는 모두 499명의 장군이 있는 셈이다. 차귀섬에 있는 막내 장군 바위는 인근 지역인 서귀포시 대정읍 바굼지오름에서 훤히 보인다.[1)]

요즘 한라산을 오르다 보면 우리나라 산의 아름다움을 즐기며 트래킹을 하는 외국인들을 많이 볼 수 있다. 그들은 눈을 반짝이며 풍경을 조망하고 또 지나가는 사람들에게도 호감 어린 눈빛을 보낸다. 이런 그들에게 가끔 사진을 찍어주겠다고 제안하는 우리나라 사람들을 볼 수 있는데, 그때부터 우리는 진정한 K-한국인의 열정을 목도할 수 있다. 언어가 통하지 않아도 손짓 발짓으로 포즈를 취하게 하고 흡족한 샷이 나올 때까지 그렇게 최선을 다해 사진을 찍어준다. 나 또한 지난겨울 그랜드캐년에서 사진 한 장만 찍어달라고 부탁하던 영국인 커플을 K-한국인의 사진에 대한 진심과 열정으로 감동시켰던 적이 있지 않은가! 산을 오르내리는 사람들은 대부분 힘겨워하면서도 너나할 것 없이 온 얼굴에 함박웃음을 머금고 있다.

---

1) 이승철 외 다수 공동 집필, 『한국민속문학사전』, 국립민속박물관, 2012.

영실에서 바라본 제주바다

올해는 미국 서부 캐년 5곳으로 시작해서 태국 도이 인타논, 중국 태항산, 남해 보리암, 제주 한라산 영실 그리고 제주 오름 여러 곳까지, 뜻하지 않게 트레킹을 꽤 많이 했다.

언제부턴가 몽글몽글했었던 상상들이 화면으로 가시화되고, 많은 전시나 프로젝트를 진행하면서 채워짐 없이 계속 내보내는 작업만 했었다. 그렇게 시간이 지나 이제는 마른 걸레를 쥐어짜듯 작업을 한다는 느낌이 들 무렵 아버지가 먼 여행을 떠나셨다. 삶에서 한 사람이 없어진다는 것은 생각보다 거대한 해일이 달려드는 것이다. 그림을 그리는 것도 손에 힘이 들어가지 않아 그릴 수 없고, 길을 걷다가 갑자기 주저앉아 허공을 응시하기도 했다. 마냥 슬퍼서 눈물이 나는 것도 아닌데 내

한라산영실정상에서 본 윗세오름과 백록담

삶이라는 풍선에 바람이 다 빠지는 것 같았다. 그렇게 번아웃이 찾아왔다. 결국 우울증 진단을 받고 도망치듯 언니가 있는 미국으로 떠나는 것을 시작으로 올 한 해를 나부끼듯 계속 돌아다녔다. 생각해 보면 이유가 어찌 되었든지 일 년 가까이 걷고 보고 느끼고 생각한 것들을 눌러 담아 작업 근육을 꽤 늘린 것 같기도 하다. 연필을 쥔 손에 힘이 들어가는 걸 보니 그렇고 또 매사에 감사한 마음이 다시 들기 시작한 걸 보니 그렇다.

2022년 4월 중순 무안군오승우미술관 관장님으로부터 2023년 봄에 예정된 기획전 초대를 받고 2023년 일 년 동안 신나게 계획하고 작업한 다음 작품을 걸고 3달간의 전시를 마치면서 SNS계정에 끄적거렸던 글이 생각나 다시 보니 새삼 마음에 닿는다. 아마도 이 마음이 진정한 내가 아닐까.

저는 남보다 늦게 출발했다는 생각에 하루하루를 꼭꼭 씹어가며 시간을 채워가는 바쁜 몇 해를 살아왔습니다. 지난겨울, 작업실 이사를 한 후 아침이 오는지 배가 고픈지도 모르고 몇 달 동안 정신없이 작업에 빠져 살았습니다. 그렇게 완성한 작품을 올해 2월초 무안군오승우미술관에 걸고 저는 또 다르게 한가하면서도 바쁜 시간들을 지내고 있습니다. 기획전 〈상실의 캡슐로서의 전통〉은 제게 남다른 기회를 열어줬습니다. 먼 길을 혼자 걷기도 자기도 노닐기도 하는 프로 여행러의 삶을 말이지요. 그동안 마른 수건을 쥐어짜듯 작업한 것을 알기에, 채우기 위해 걷고 또 오르며 노니는 방법을 택한 것입니다.

사실 저는 작품 활동을 하면서 별다른 목표가 없는 작가입니다. 아직 너무도 부족한 걸 알기에 그저 작업하다가 기회가 오면 감사한 마음으로 할 수 있는 만큼 조금 더 최선을 다할 뿐입니다. 그러면서 작업의 두께가 생기는 것을 스스로 느끼니 더 열심을 내는 것 같습니다. 가끔 주위에서는 몸이 상할까 많은 분들이 염려해 주십니다. 그게 참 송구하고 죄송합니다.

시간이 참 빠릅니다. 3달 동안 진행되었던 전시가 내일이 마지막이라니...
감사하게도 전시를 보기 위해 먼 길을 다녀오시고 응원해 주신 많은 분들께 깊이 감사드립니다. 코로나 이후 처음 진행되었던 개막식과 전시 이모저모에 음악을 덧입혀 편집해 보내주신 분, 더듬더듬 떨리는 가슴을 겨우 진정시켜가며 했던 개막식 인사말, 멋진 미술관 풍경과 분위기를 찍어 보내주신 분들의 많은 영상과 사진 가운데 몇 장만 넣어봤습니다. 그중에서도 가장 마음이 가는 건 관장님과 작품 앞에 앉아 이야기 나누는 뒷모습을 찍은 사진입니다.

-2023년 5월 6일 늦은 밤 기획전을 마치며, 유혜경-

자동차를 새로 들인지 만 3년이 되었다. 그동안 얼마나 많이 돌아다녔는지 벌써 누적 주행거리가 10만km다. 〈그리고 그리는 기행〉을 연재하는 2년 내내 먼 곳이라도 되도록 작업에 도움이 될 만한 곳들을 여러 번 찾아다니며 작업과 원고, 일거양득을 노렸으나 돌아보면 그 어느 것에도 모자람 일색이다. 다시 뭐라도 열심히 하면 뭐가 만들어지거나 무슨 일이라도 생기지 않을까? 아무것도 안 하고 있으면 당연히 아무 일도 일어나지 않을 터이니…

유혜경, 眞境_muse를 찾아서 II, 27.3×34.8cm, 장지에 채색, 2020

제주 오름
이야기
새별, 금, 물영아리, 단산오름

제주에 거처를 정하고 시간 날 때마다 다니며 작업한지 14개월.

작가, 교육자 등 N잡러로 살아가는 이유 때문에 시간을 내기가 쉽지 않았지만, 짬이 날 때마다 어떻게든 내려가 그 무엇이라도 더 접하고 싶어 했다. 제주에 있다 보면 한 달 또는 6개월, 1년 살이를 하러 온 육지 사람들을 쉽게 만나게 된다. 그들은 하나같이 머무는 기간을 아쉬워하며 더러는 연장하기도 한다. 그들은 제주를 알고 싶어 매일 바다, 산, 오름, 올레길 등을 향유한다. 어쩌면 이들이 제주 사람들보다도 더 많이 제주를 알고 있는 듯하다. 얼마 전 종강을 앞두고 수업이 끝날 무렵, 제주가 집인 1학년 은빈이에게 제주에 가서 뭘 보면 좋을까? 하고 질문을 했었다. 그 친구가 여러 곳을 추천해주는데 아뿔사! 대부분 관광객들이 꼭 가는 코스였다. 생각해 보면 제주에서 나고 자라 초,중,고 입시를 거치다 보니 놀러 다닐 시간이 부족했던 것이었다. 머쓱하게 웃는 은빈이의 모습을 보며 겨울방학 중에 제주에 가면 이 친구를 데리고 짧게라도 스케치 여행을 가야겠다고 생각했다.

제주는 그야말로 오름 천지다. 높고 낮은 오름들이 368개나 된다. 화산 폭발 당시 주 분화구인 백록담으로 용암이 솟구쳐 오르다 옆으로 가지를 뻗어나간 작은 분화구들인 오름은 한라산의 기생화산이다. 이 때문에 한라산에 올라본 등산객들은 다음으로는 색다른 봉우리들을 찾아 오름들을 오르내린다. 오름은 코스에 구애받지 않고 마음 내키는 길이나 봉우리를 따라 여기저기를 헤매 다녀도 좋다. 방향만 잘 알고 있으면 길 잃을 염려도 없고, 길도 아름다워서 생각 없이 걷기에 제격이다. 나는 여행을 가면 시간도 잊고 또 먹는 일마저 잊은 채 열심히 이곳 저곳을 다니는 편이다. 그래서인지 누군가 챙겨주지 않으면 부끄럽지만 자칫 탈진하는 사태가 벌어지기도 한다. 다행히 제주의 수많은 산행에는 남편이 항상 동행하여 든든하고 좋았다.

새별오름

제주시 애월읍 봉성리에 위치한 새별오름은 가파른 편이지만 야자매트로 깔린 길이 잘 되어있어 약 20분 정도만 올라가면 제주 서쪽 풍경을 한 눈에 담을 수 있다. 특히 가을철이면 억새가 새별오름을 뒤덮어 가을과 겨울에만 볼 수 있는 특별한 분위기의 노을을 감상할 수 있다. 이 때문에 많은 여행자들에게 '노을 맛집'으로 사랑받는 곳이다. 또한 매년 3월 초엔 억새를 태우는 들불축제가 열리기도 하니까 날짜를 미리 알아보고 가면 새별오름을 한층 더 깊게 즐길 수 있다. 내가 노을을 좋아하는지는 작년에 알게 되었다. 수업을 하면서 항상 학생들에게 '자신에 대해, 자신이 좋아하고 마음 가는 것 등에 대해 알아야 한다'고 강조

새별오름의 일몰

하면서도 정작 나는 내가 무엇을 좋아하는지 모르고 있었던 것이다. 어느 깊은 가을날 새별오름에서 노을을 보고 벅차오름에 울컥하고서야 비로소 내가 좋아하는 것 한 가지를 알게 되었다. 바람에 나부끼는 억새, 억새들의 사락거리는 소리와 넘실넘실 일렁이는 움직임들, 이후 지속적으로 나를 탐구하는 시간을 가지고 있다. 여담이지만 새별오름의 드넓은 주차장에는 다양한 푸드 드릭을 즐길 수 있다. 그 가운데서도 주차장 끄트머리에서 아저씨가 파는 샛노란 귤이 굉장히 맛이 있다.

금오름 정상_분화구 습지(정면)

금오름

제주 한림읍 금악리에 위치한 서부 중산간 지역의 대표적인 오름 중의 하나인 금오름은 어원상 신(神)이란 뜻인 '곰(古語)'과 상통한다고 한다. 즉 금오름은 神이란 뜻의 어원으로 해석되며, 옛날부터 신성시되어 온 오름이라 할 수 있다. 오름 정상부에는 '금악담'이라는 원형의 분화구가 있는데, 예전에는 풍부한 수량을 갖고 있었으나 현재는 화구 바닥이 드러나 있어 습지로 보인다. 무엇보다 금오름의 장점은 접근성이다. 오름의 중턱까지 차가 올라갈 수 있고, 주차장 시설도 괜찮은 편이며 오름 정상까지 포장된 도로라서 운동화나 바지가 아니라도 걷기에 좋다. 또 노약자도 천천히 편하게 갈 수 있는 곳이라 권할 만하다. 이렇게 15분 정도 걷다 보면 정상에 도착하고 이어 탄성을 자아내는 풍경이 펼쳐진다. 사실 제주 오름 대부분의 분화구가 크고 작은 나무와 덩굴로 우거져 있어 접근하기 어려운데 이곳 금오름은 화구에 직접 내려가 사진도 찍고 즐길 수 있다. 겨울에는 아침 7시경부터 한라산 뒤편으로 솟아오르는 장엄한 일출을 볼 수 있고 일몰시간에는 분화구 습지를 배경으로 주홍빛으로 서서히 물드는 아름다운 풍경을 볼 수 있다. 그날은 막 일몰이 시작될 무렵이라서 그런지 수많은 사람들이 있고 또 계속 올라오고 있었다. 아름다운 금오름과 노을을 배경으로 젊은 친구들이 예쁘게 포즈를 취하며 서로 사진을 찍어주는 모습이 참 아름다워 보였다. 알고 보니 금오름도 SNS 맛집으로 유명하더랬다. 내 나이 또래들은 사진 찍을 때 포즈가 정해진 듯 마냥 V나 손가락 하트 또는 먼 산 바라보기 등등 좀 별로였다. 그런데 요즘 친구들이 사진을 찍는 모습은 그야말로 자유롭기 그지없다. 자연스러운 포즈와 즐기는 자세들... 배워야겠다. 부끄러운 것은 잠깐이고 사진은 영원하니까!

물영아리오름

새벽에 일어나 고구마와 레드키위 몇 개, 2개의 보온병에 커피와 컵라면에 부을 뜨거운 물도 담아 챙기고 편의점에 들러 컵라면과 삼각 김밥을 사서 부지런히 도착한 물영아리오름 입구에는 이미 차들이 꽤 들어와 있었다. 한라산 동남쪽 사려니숲길 근처에 있는 물영아리오름은 시귀포시 남원읍에서 가장 높은 오름으로 꼽히며 사려니 숲길 근처에 있다. 오름탐방센터를 지나 좁은 입구를 들어서 잠시 걷다 보니 갑자기 시야가 환하게 트이고, 드넓은 초원이 햇살 아래 펼쳐진다. 딴에는 소들이 한가롭게 풀을 뜯는 목가적 풍경을 상상했지만 이날은 소들이 출근을 하지 않아서 그냥 넓은 초원뿐이었다. 이 들판은 2012년 영화 〈늑대소년〉의 촬영지이기도 하다. 이곳에서 남녀 주인공인 박보영과 송중기 그리고 동네 꼬마들이 함께 축구하는 장면이 촬영되었다. 참 아프고도 아련한 영화였는데...

오름 탐방은 목초지를 반 바퀴 돌고 나서야 본격적으로 시작된다. 너른 들판을 돌아 하늘 높이 뻗은 삼나무가 빽빽한 숲길을 따라 걷다가 그제야 오름 정상으로 향하는 계단길 탐방로가 공사 중이라 통제가 되었다는 표지를 발견했다. 우리는 잠시 고민하다가 다른 능선길을 통해 습지에 가기로 했다. 능선길로 가려면 삼나무 숲길을 3.8km 정도 더 걸어 전망대를 지나 우회로를 통해 올라가야 한다. 간간이 싸락눈이 나리는 삼나무 숲속 목초지와의 경계를 위해 돌로 쌓은 중잣성 옆으로 한참을 걷다가 능선으로 오르는 길에서 약 7분 정도를 올라가 정상 부근에서 오른편 흙길로 약 50미터를 내려가 도착한 습지는 경이로웠다. 물의 수호신이 산다는 전설을 품은 물영아리. 첩첩산중 이런 곳에 못이 숨겨져 있다니 비경이다. 2006년 람사르습지로 지정된 보호구역인 물영아리에서 '영아리'는 신령스런 산이라는 뜻이다. 앞에 '물'이란 접두어가 붙는 것은 분화구가 물이 고인 습지를 품고 있기 때문이다.[1] 한참을 오름 정상의 분화구인 호수(습지)에서 사진도 찍고 머무르다가 천천히 내려가 차 안에서 컵라면과 고구마를 먹었다. 추운 날씨에 참으로 꿀맛이었다.

---

1) 제주관광정보센터

단산(바굼지오름)전경

단산(바굼지)오름

단산오름은 대정에 위치한 제주 작업실과 가까운 곳에 있다. 산방산 탄산온천을 오고 갈 때 또는 서귀포나 제주로 나가려면 항상 이곳을 지나야하기 때문에 눈여겨보고 있었고 무엇보다 오름의 생김새가 특이해서 꼭 한 번 가보고 싶었다. 단산은 세 봉우리로 되어 있는데 중앙의 봉우리가 가장 높아서 박쥐의 머리, 낮은 좌우 봉우리가 박쥐의 날개로 마치 거대한 박쥐가 날개를 편 모습을 연상케 한다고 하여 바굼지 오름(단산)이라고도 한다. 바굼지는 박쥐라는 뜻도 갖고 있지만 바구니라는 뜻도 지니고 있다. 나는 단산이라는 명칭보다는 바굼지라는 별칭이 더 마음에 든다. 하여 이 글에서는 오름 이름을 바굼지로 통일할 것이다. 바굼지오름은 여느 제주의 부드러운 흙으로 이루어진 오름들과 달리 산처럼 암벽 위를 기어 올라가야 한다. 그렇다고 굉장히 힘든 코스는 절대 아니다. 오름은 단산사 오른편이나 뒤편으로 오를 수 있는데, 바굼지오름을 오르는 길에는 일본군이 파 놓은 동굴 진지도 볼 수 있다. 일본군들은 이곳 뿐만 아니라 여기저기 많은 곳에 무기와 몸을 숨길 수 있는 동굴들을 많이 팠다. 치욕의 역사지만 이를 잘 보존해야 비슷한 아픔이 반복되는 것을 경계할 수 있다.

한편 바굼지오름의 가파른 바위계단을 올라 정상에 오르면 산방산과 안덕 바다뿐 아니라 멀리 한라산까지도 볼 수 있다. 가깝게는 형제섬, 송악산, 날씨가 좋은 날에는 마라도와 가파도까지 보이니 이곳에서는 마음이 트여 그림이 절로 그려진다. 이날 남편은 4월에 출간할 예정인 단행본 〈그리고 그리는 기행〉 인물 사진을 찍어주러 동행했다. 하지만 바람이 너무 세게 부는 바람에 쓸 만한 사진은 얻지 못했다. 그래도 형제섬이 보이는 바다 풍경과 오름 정상 언덕 뒤로 보이는 산방산, 노을로 인해 오렌지빛으로 번져가던 하늘 아래로 깨알같이 보이던 작업실 건물까지, 오랜만에 스케치를 많이 했으니 그것으로 되었다.

12시간을 꼭 지켜 복용하라는 타미플루보다 하루 3번에 걸쳐, 때마다 먹어야 하는 약기운이 여지없이 새벽 3시면 떨어져 지독하게 아파온다. 독감 예방주사를 맞지 않아서일까? 일생 동안 독감 예방주사는 맞아본 적이 없었는데 그동안 독감에 걸린 적도 없어 이번에도 안 맞았는데, A형 독감 확진이란다. 어쩐지 굉장하게 아프더라니... 이게 그냥 아픈 게 아니라 실시간 너를 매우 쎄게 아프게 해버릴거야! 라고 몸이 외치는 것 같았다. 할 일이 산처럼 쌓여있는데 꼼짝없이 며칠을 앓으며 쉬고 있고 더 쉬어야 한단다. 그동안 나 자신을 너무 극한으로 내몬 것은 아닌지 미안한 마음도 들지만 할 수 없이 약기운이 돌아 고통이 덜할 때마다 꼭 해야 할 일을 먼저 하나씩 꾸역꾸역 해내고 있다. 2025년에는 지금보다는 슬기롭게 살아야지라고 마음속으로 크게 외치면서!

2025년 모두 모두 파이팅 합시다!

유혜경, 여러분을 위한 1평, 194×130.4cm, 장지에 채색, 2022

3장

차경
스스로 풍경이 된
창

부모님의 뒷모습, 2019년 5월 5일 소쇄원에서

2023년 1월 '그리고 그리는 기행'의 첫 번째 행선지는 담양 소쇄원이었다. 소쇄원은 나에게는 특별한 추억이 깃든 곳이다. 지금은 천진난만한 백발소녀로 돌아가 나이 든 딸을 못 알아보시지만 부쩍 사랑스러워진 우리 엄마와 지난 11월, 세상 소풍을 마치고 하늘로 돌아가신 아버지와의 마지막 여행지였기 때문이다. 소쇄원은 자연을 그대로 보존하면서 적절한 위치에 집과 정자를 배치하여 건축적 생활공간과 차경을 즐기는 공간이 적절히 융화된 곳이다. 그 중 광풍각은 소쇄원의 중심 건물로써 사랑채에 해당하는 곳인데 북쪽의 산 사면에서 흘러내린 물이 이룬 계곡 가까이 세운 정자라서 그 운치가 더하다. 그늘에 위치해 시원한 광풍각과는 달리 햇빛이 잘 들어오는 제월당은 '비 갠 하늘의 상쾌한 달'이라는 뜻을 지니고 있다. 참으로 절창이 아닌가! 제월당은 소쇄원의 주인이 학문에 몰두했던 곳으로 마루에 걸터앉으면 소쇄원의 아름다운 전경이 한눈에 들어온다. 뿐만아니라 제월당의 뒤쪽에는 기둥을 족자 삼아 계절마다 변화무쌍한 자연의 풍경화가 펼쳐진다. 2019년 5월 낮은 담장 위의 푸른 이끼 뒤로 펼쳐진 대숲의 살아있는 그림을 보며 부모님과 함께 감탄했던 그 날의 부드러운 바람이 내내 생각난다.

전남 담양 일대는 별서 원림이 많은 곳이다. 남도의 온화한 날씨 또 수려한 풍광과 교유를 나눌 수 있는 문인들이 도처에 있어서였을까. 죽세공품으로 유명한 담양 거리에서는 가로수가 대나무인 곳을 심심찮게 만날 수 있다. 이곳의 가로수는 대나무뿐만 아니라 배롱나무, 메타세쿼이아도 많이 식재되어 있다. 특히 배롱나무는 여름인 7월부터 100일여 동안 꽃이 피고 지기를 반복하여 화려한 아름다움을 많은 이들이 감상할 수 있다. 내가 별서 여행을 다니며 배롱나무로 유명한 곳은 병산서원이 제일이었지만, 담양 명옥헌 원림의 배롱나무 또한 빼놓을 수 없는 절경이라 할 수 있다. 현재 국가 명승으로 지정되어 있는 명옥헌 원림은 조선 중기 예문관 관원을 지낸 오희도선생이 터를 잡고 이후 후손들이 대를 이어 연못을 파고 배롱나무와 홍송, 오동나무, 느티나무, 짱짱나무 등 다양한 나무를 심어 정성스레 가꿔 온 별서정원이다. '흐르는 물소리가 옥이 부딪히는 소리와 비슷하다.'는 뜻의 '명옥헌'이라는 이름은 우암 송시열 선생이 지어주었다고 전한다. 이곳의 총면적은 4,086평에 달

소쇄원, 제월당 뒤쪽의 차경

하며 드라마 '사임당'을 비롯해 수년 전부터 다양한 드라마와 영화 촬영 장소로 알려진 게 계기가 되어 여름에는 사람들의 발길이 끊이지 않는 곳이다. 애석하게도 얼마 전 내가 이곳을 찾았을 때는 한겨울이라 흐드러진 배롱나무 사이로 보이는 아담한 기와지붕을 보지는 못했다. 그러나 수백년 수령이 족히 되어 보이는 배롱나무 고목의 위용과 맹추위에 꽁꽁 언 작은 연못이 자아내는 겨울 특유의 쓸쓸한 아름다움이 한여름 배롱나무 꽃 잔치를 보지 못한 아쉬움을 상쇄하고도 남았다. 한편 아담한 기와지붕을 머리에 인 방 한 칸을 둘러싼 사방의 마루로 건축된 명옥

담양 명옥헌 원림의 차경

헌은 소박한 선비의 품격을 제대로 보여준다. 소박하지만 방안에서 내다보이는 풍경은 가히 최고의 작품으로써 이러한 풍경화를 잠시나마 내 것으로 소유할 수 있는 것, 이것이 바로 작은 것에 만족할 줄 아는 소욕지족이라 하겠다.

창을 활용하여 경지를 실내로 끌어들이는 '차경'

자연의 다층적인 구도를 포용하여 '풍경놀이'를 즐길 수 있는 한옥의 구조는 실내에서도 자연과 접하려고 바깥의 경치를 집안으로 들여놓은

담양 식영정의 소박한 차경

옛사람들의 지혜이자 삶 속에 스며있는 풍류이다. 특히 한옥의 창은 그림의 액자를 자청하여 시시각각 살아있는 풍경을 담아낸다. 이처럼 창을 통해 살아있는 풍경화가 집 안팎에 흐르니 이는 자연과 함께 하면서도 이를 사사로이 소유하려 하지 않고 잠시 빌려서 즐기는 소박하면서도 격조 있는 향유 방식이다. 회화에서 자연을 그렸을 때는 진짜 자연이 아니라 인공적 자연이다. 반면 한옥의 풍경작용에서 자연은 진짜 자연이다. 화가는 관조를 통한 심미적 체험을 함으로써 미적 대상과 그것이 존재하는 시공간에 감응하며 이와 같은 활동을 통하여 예술의 경계인 의경(意境)을 취할 수 있다. 차경을 위한 문의 원래 기능은 외부와 내부를 경계 짓는 것이다. 그러나 한옥의 문은 오히려 자연과의 합일을 염원하고 또 자연으로 회귀함으로써 자연을 닮고 이를 통해 자연으로부터 받은 에너지를 다시 방출한다.

담양군 가사문학면 지곡리에 위치한 식영정은 소쇄원 근방에 위치한 정자들 가운데서도 내가 가장 사랑하는 곳이다. '그림자도 쉬어가는 정자'라는 뜻을 가진 이곳은 환벽당, 송강정과 함께 정송강유적이라고 불린다. 식영정의 대청마루에 올라 얼기설기하지만 운치가 있는 쪽문 앞에서 바라본 풍광은 쪽문 자체가 족자가 되어 광주호의 윤슬과 유유자적한 백로의 모습이 한 폭의 그림이 되어 소박한 차경을 보여준다. 얼마 전 기획자인 갤러리 도올의 신희원 선생님이 보내주신 인터뷰 질문지 가운데 '동·서양 철학 중에 좋아하는 구절 있으면 이유와 함께 소개 부탁드립니다.'라는 질문에 나는 아래와 같이 답했었다.

> 저는 「장자」 어부편에 나오는 질주불휴(疾走不休)이야기를 좋아합니다. 이 이야기는 자신의 그림자와 발자국이 싫어 내내 달리다가 결국 지쳐 쓰러져 죽는 어떤 이의 이야기입니다. 그늘에 들어가면 다 해결될 것을 그저 앞만 보고 내달리다가 참혹한 결과를 맞게 된다는 경계의 의미를 시사하고 있습니다. 저는 이 이야기를 읽으며 이 모습이 저 또는 현대인들의 모습이라는 생각을 했습니다. 그저 잠시 내려놓으면 될 것을 여러 가지 이유를 갖다 붙이며 최선이라고 의미를 부여하며 욕심을 부리는 과정에서 자신을 극한으로 내모는 모습이 「장자」 어부편의 어떤 이를 닮았다고...
>
> -2023. 11. 17.-12. 3 유혜경 개인전 〈맑은 계곡에 터를 잡고〉 인터뷰中-

담양의 식영정은 이와 같은 이야기를 담고 있는 곳이다. 그 때문인지 나는 종종 식영정을 떠올리며 경계 삼고 있다. 식영정이 있는 언덕 아래쪽에는 연꽃과 수초가 그득한 연못 뒤로 아름다운 누각 부용당과 그 옆으로 차경의 절정을 보여주는 서하당이 있다. 김성원이 자신을 위해 지었다 전해지는 서하당 마루에 앉아 옆으로 눈을 돌리면 담장 너머 원시림 같은 대숲이 보이고 곧 정면으로 고개를 돌리면 서하당 넓은 뜰을 경계한 도로에 차들이 쌩쌩 달리고 있다. 이 또한 현시대의 차경이라고 해야 할까. 아무튼 별뫼 위의 정자 식영정과 서하당, 부용당 그리고 부용정 일대를 에워싼 대나무 숲, 큰 은행나무와 구불구불 배롱나무까지 어느 계절이든 변화무쌍 아름다운 모습을 모두 즐길 수 있게 만들었다.

A4용지가 한 달 이상을 물에 젖은 채 있는 듯한 눅진함...
심리적이거나 물리적인 어떤 방법으로도 회복되지 않을 것 같이 착 달라붙은 끈질긴 공허!

적다 보니 도저히 정의되지 않던 요즘 내 상태가 글로 정리되고 있다. 모든 이별은 준비의 유무를 떠나 갑작스러운 충격으로 다가온다. 이 때문에 효율적인 애도의 방법들이 꽤나 다양하게 정보화되어 있다. 우리는 아버지가 떠나신 후 곧바로 가족회의를 통해 조문객을 맞이하지 않고, 직계가족들만 빈소에서 삼일동안 아버지를 추억함으로써 장례를 치르기로 결정하고 그 기간 동안 울고 웃으며 서로 보듬었다. 그렇게 시간이 지나면 괜찮을 줄 알았다. 가끔 혼자 있을 때 불시에 찾아드는 깊은 그리움이 무심코 흘러내릴 때도 그저 과정이라고 여겼고 금세 일상으로 회복될 것이라고 생각했는데 그건 큰 오산이었다. 아무런 의욕도 없이 하루하루 그렇게 침잠하고 있는 중이다. 그래서 이번에는 좀 더 멀리, 길고 낮게 떠나보려 한다.

유혜경, 맑은 계곡물이 흐르는 곳에 터를 잡고, 부직포와 한지에 채색등 혼합재료, 가변설치, 2023

사람과 자연이 공존하는 곳 뉴욕

아침 7시 30분.

오늘도 어김없이 고양이 세 마리가 뒤뜰 계단 밑에 나란히 앉아 주방을 응시하고 있다. 조금이라도 밥 때를 놓치면 고양이들은 주방 뒷문 앞까지 올라와 진을 치고 앉아 무언의 시위를 시작한다. 밤새 얼어버린 물그릇에 뜨거운 물을 부어 녹인 후 마실 물을 붓고, 작은 사기 그릇 3개에 공평하게 밥을 나눠주는 사이 고양이들은 몇 걸음 떨어져 기다린다. 이윽고 배식이 끝난 후 이제는 우리가 몇 걸음 물러 앉아 낮은 목소리로 "이리와! 괜찮아"하고 부르면 그들은 천천히 걸어와 그릇을 하나씩 차지하고 밥을 먹기 시작한다. 고양이들이 밥을 다 먹고 물까지 마시고 난 후 느린 걸음으로 제 갈 길을 가고나면 이제는 새들이 모여들기 시작한다. 각종 견과류를 잘게 부셔 뒤뜰 나무 탁자위에 한 그릇, 계단 밑에 또 한 그릇을 주고 들어오면 어느새 새들이 하나둘 모여들어 밥을 먹기 시작한다. 간혹 밥을 줬는데도 새들이 오지 않아 살펴보면 어김없이 탁자 밑에서 느긋하게 몸단장을 하는 고양이가 남아 있다. 이렇게 형형색색 크고 작은 새들이 식사를 끝내고 나면 서서히 다람쥐들이 모여들고 때로는 아기와 함께 산책을 나선 여우가 담장을 넘어와 뒤뜰에서 한참을 놀다 가기도 한다. 뉴욕 롱아일랜드 웨스트버리에 위치한 언니의 집 뒤뜰은 하얀색 나무 울타리를 경계로 원시림의 공원이 펼쳐진다. 주방 창문으로 바라보이는 숲에는 커다란 노르웨이 단풍나무, 붉은 단풍나무, 은행나무, 산딸나무, 덩굴옻나무 또 이름을 알 수 없는 다양한 나무들과 추운 겨울에도 커다란 나무를 칭칭 감고 강인한 생명력을 자랑하는 아이비가 운치를 더한다. 이곳은 자연이 오랜 시간 보존되어 공원이라고 불리지만 이제는 사람의 발길이 닿을 수 없는 원시의 숲이 되어 야생 동물들에게 서식지를 제공한다. 이곳에서 서식하는 동물들로는 다람쥐, 토끼, 여우, 사슴, 너구리, 족제비, 오소리, 두더지 등이 있다. 이들은 숲과 마을 인근 호수에서 생활하며 사람들과 함께 평화롭게 공존하고 있다.

돌아오기 위해 떠나 온지 일주일.

그간 꾸역 꾸역 삶을 살아내다가 아버지의 부재라는 그럴싸한 구실을 찾아 주저앉았다. 그러나 앉은 김에 쉬어 간다고 하기에는 이미 포화상태가 되어 세포조차 늘어진 느낌이라 무언가 해결책이 필요했다. 그래서 비행기에 올랐고 14시간 후 언니가 있는 뉴욕에 도착했다. 사람이 너무 일에 매몰되어 있으면 부작용이 생기기 마련이다. 무엇보다 마음의 평화가 깨지기 쉽기 때문에 차면 때때로 비워야 다시 채울 수 있다. 비워야 할 타이밍이라는 느낌이 왔을 때 망설이지 말고 떠나야 삶으로부터 거리를 두며 몸과 마음을 추스르게 된다. 10년 만에 다시 찾은 JFK공항은 여전했다. 입국심사가 끝난 후 단출하게 꾸린 짐을 찾고 게

언니네 집 뒤뜰

이트를 나가 언니와 형부를 본 순간 나도 모르는 사이 울컥 콧시울이 시큰해졌다. "피곤하지? 어서 집에 가서 씻고 밥 먹자!" 이 한마디가 얼마나 그리웠는지...뉴욕에서의 첫날은 집 근처를 돌아보며 느긋하게 보냈다. 다음날 아침, 치아가 잘못 나와서 그런지 썩소를 날리는 카리스마 고양이 '빈센트', 갈색 털에 검은 줄무늬가 등을 중심으로 반으로 나뉘어 이름 지어진 '반반이', 예쁜 얼굴에 겁이 많아 도무지 곁을 주지 않지만 이름을 부르면 언제나 돌아보는 회색 고양이 '레이'를 만났다. 알레르기 때문에 반려동물을 기르지 못했던 언니는 몇 년 전 이 집으로 이사온 후 만난 길고양이들에게 이름을 지어주고 밥을 챙기며 이들과 친분을 쌓아온 듯 했다. 언니와 형부의 아침은 매우 분주했다. 일어나자마자 커피를 내리고 부부가 함께 아침 식사를 준비하면서 동물 친구들의 식사와 안녕까지 챙긴다. 주방 창문을 통해 뒤뜰과 이어진 숲은 보기에는 고요해 보이지만 자세히 보면 무언가가 계속 움직이고 있어 잠시도 심심할 틈이 없다. 하얀 눈이 내리면 숲은 더 활기를 띤다.

아침부터 함박눈이 내리던 날 우리는 집에서 그리 멀지 않은 사가모어 힐(Sagamore Hill)로 산책을 갔다. 사실 이곳은 전날 오후에도 방문했는데 4시에 문을 닫는 바람에 다음날 다시 온 것이다. 사가모어 힐은 뉴욕주 롱아일랜드 북쪽 해안인 오이스터 만 부근에 위치한 역사적인 장소로, 26대 대통령인 테오도어 루즈벨트(Theodore Roosevelt)의 주택이자 여가 공간이었다. 이곳은 루즈벨트 대통령이 1885년에 결혼한 후, 1919년 서거할 때까지 거주한 장소로 잘 알려져 있다. 그는 이곳을 원주민 부족 말로 지도자라는 뜻의 '사가모어'를 따서 사가모어 힐이라 불렀다. 현재는 미국 국립도서관 및 박물관으로 운영되고 있으며, 대통령의 생가로서 그의 생애와 정책에 대한 다양한 자료들을 전시하고 있다. 빅토리아 양식의 저택 안에는 대통령 재임시기인 1902~1908년에 있었던 가구와 장식품이 놓여 있으며 이곳을 그의 대통령 재임기간 동안에는 하계 백악관(여름 별장)으로 불리었다고 전한다. 사가모어 힐 주변은 숲과 루즈벨트 대통령 가족들이 즐기던 패밀리 비치로 이어진 산책로가 있어 아름다운 자연과 함께 느긋하게 시간을 보낼 수 있다. 뉴욕의 숲은 아름답지만 사람의 기준으로 보면 좀 어지러운 편이다. 천재지변 또는 다른 이유로 꺾이거나 쓰러신 나무들을 치우지 않고 그대로 방치하기 때문에 겨울 숲의 나무들은 종과 횡으로 어지럽게 널려 있다. 간혹 사람이 지나는 길에 큰 나무가 쓰러져 가로막고 있으면 그들은 길의 폭 만큼만 나

눈오는 사가모어 힐

무를 잘라내고, 잘라낸 나무 덩어리들은 길옆에 방치 해두어 기이한 광경을 만들어낸다. 하지만 다르게 보면 그들은 자연 그대로를 인간과 동등하게 보는 듯하다. '자연(自然)은 스스로 그러한 것'이다. 그러니 자연은 자연이라서 또 자연이기 때문에 사람의 시각을 강요하지 않고 그대로 두어 생태계를 유지한다. 이 또한 자연을 대하는 동양적 사고와 매우 흡사한 것으로 보인다. 이를 볼 때 산길을 일구어 등산로 계단을 만들거나 큰 바람에 쓰러진 나무를 굳이 치워 숲을 정돈하는 것은 자연이 바라는 바가 결코 아닐 것이다. 사가모어 힐 페밀리 비치로 향하는 오솔길이 바로 이러한 숲으로 이루어져 있다. 쌓인 눈으로 인해 미끄러워진 비탈길 한 쪽에 보이는 작은 못, 그 옆으로 바삭 거리는 삭정이를 밟으며 걷다 보면 작은 다리가 나오고 드디어 비밀의 해변이 나타난다. 그곳에서 겨울 바람에 일렁거리는 물결과 그 바람을 타고 춤을 추는 갈대 너머로 서서히 노랗게 물드는 하늘을 보았다.

내가 훌쩍 떠날 곳으로 제일 먼저 뉴욕을 떠올린 이유는 사랑하는 언니와 형부가 있는 곳이기도 했지만, 무엇보다 911테러의 현장인 그라운드 제로(ground zero)를 꼭 가보고 싶었다. 2001년 9월 11일 오전 8시 30분, 여느 날과 다름이 없었던 뉴욕 세계 무역 센터의 쌍둥이 빌딩에 테러리스트들이 비행기를 충돌시켜 2,752명의 희생자를 낸 911테러가 일어났다. 이 사건은 미국 사회에 깊은 상처를 남기고 또한 전 세계인들에게 충격과 슬픔을 주었다. 내가 911테러로 붕괴된 뉴욕의 세계무역센터가 있던 자리를 일컫는 말이기도 한 그라운드 제로를 처음 방문했을 때는 2007년 겨울이었다. 그 때도 미국인들은 슬픔을 간직하고 아픔을 잊지 않고 기억하기 위해 쌍둥이 빌딩이 있던 자리에 88개의 탐조등을 수직으로 비추어 추모하며 이 설치물은 트리뷰트 인 라인으로 불리었고 2002년 4월 14일까지 매일 저녁 빛을 밝혔다. 그리고 테러 2주기 추도 행사에서도 다시 조명이 켜졌다. 이후 매년 9월 11일마다 빛을 밝혔고[1] 내가 갔을 때에도 여전히 흰 국화꽃이 쌓이고 있었다. 이 후 이 부지는 테러로 무너진 건물들을 재건하고 희생자들을 추모하기 위해 여러 프로젝트가 진행되었으며, 2014년 11월에 개장한 원 월드트레이드 센터와 그라운드 제로추모 공간 두 곳 그리고 메모리얼 뮤지엄으로 나뉘어져 있다. 여담으로 세계 무역센터를 다시 지을 때 건축가들의 공모

1) 위키 백과. 뉴욕

그라운드 제로

계획안 가운데 한 사람만이 이곳에 건축을 짓지 않겠다고 했고 그래서 그라운드 제로가 됐고 그라운드 제로 주위 공간에 원 월드 레이드센터를 지었다 전한다.

원 월드트레이드센터는 '알쓸별잡'에서 건축가 유현준 교수가 언급했던 다니엘 리베스킨트(Daniel Libeskind)의 설계로 104층이며 첨탑까지 합치면 지상 541m의 높이이다. 이곳의 특징은 911테러의 희생자를 추모하기 위하여 당시 비행기가 충돌했던 94-99층까지는 비워두고 100-102층은 전망대로써 뉴욕의 전망대 가운데 가장 높고 유일하게 브루클린을 조망할 수 있는 곳이다. 또한 이곳에서는 브루클린 브릿지와 맨해튼 브릿지뿐 아니라 자유의 여신상까지 모두 살펴볼 수 있다. 지하 1층에서 전망대로 가는 엘리베이터에서 내려 잠시 다른 사람들과 함께 뉴욕에 사는 사람들의 일상을 화면을 통해 감상하다가 어느 순간 화면이 올라가면서 전망대 창문을 통해 서서히 드러나는 맨해튼 풍경에 감탄하게 된

파이어 아일랜드 해변에서의 일몰

다. 한편 911테러로 희생된 사람들을 기리기 위해 조성된 메모리얼 파크가 있는 이곳은 원래 세계무역센터 쌍둥이 빌딩이 있던 자리로서, 영원히 치유될 수 없는 슬픔이 담겨있는 장소로 잊지 말고 꼭 기억하자는 의미로 조성되었다. 그라운드 제로 구조물은 큰 사각의 공간과 다시 안쪽의 깊은 사각의 공간 그리고 물로 이루어져 있다. 이는 테러로 인해 흘린 유가족들과 미국인의 눈물과 영원히 가슴속에 남아있을 깊은 눈물을 상징하며, 끊임없이 흐름으로써 추모하고 기억하는 것을 의미한다고 한다. 그라운드 제로 조형물의 가장자리에는 911테러로 희생된 분들의 이름이 새겨져있고, 사랑하는 사람의 이름에 흰 꽃을 꽂고 묵념하거나 추모할 수 있게 되어 있다. 끊임없이 흐르는 물, 그 위로 유유히 날던 비둘기가 끝이 보이지 않는 사각의 공간 끄트머리에 앉아 물을 마시다가 이내 공간 안과 밖을 유영하는 모습. 슬픔의 형상화가 바로 이런 것일까! 사진 찍는 것마저도 조심스럽고 미안한 아프고도 깊은 울림을 주는 장소였다.

뉴욕은 활기찬 도시이면서 반면에 명상하기 매우 적절한 곳이다. 어제 다녀온 파이어 아일랜드(Fire Island)가 바로 그런 곳 중 하나로서 파이어 아일랜드는 뉴욕주 롱아일랜드의 남쪽 해안에 있는 작은 섬이다. 이곳에는 1826년에 지어진 고풍스러운 등대가 있고 특히 해변에서 바라보는 일몰은 매우 아름답다. 이 날 대서양 바다에서 불어오는 매서운 겨울 바닷바람에 온 몸이 얼어가는 것 같았지만 해변에서 바라본 일몰은 어떤 수식이 필요 없을 정도로 장관이었다. 해는 시간을 따라 서서히 바다에 잠기면서 하늘과 구름마저 붉게 물들이다가 바다와 하늘의 경계를 지우며 온 세상을 주황색으로 물들인다. 삽시간에 바다의 물비늘이 오렌지 빛으로 반짝반짝 빛이 났다. 마침내 휴~ 하고 큰 숨이 쉬어졌다. 김영하 작가는 그의 저서인 『여행의 이유』에서 "기대와는 다른 현실에 실망하고, 대신 생각지도 않던 어떤 것을 얻고, 그로 인해 인생의 행로가 미묘하게 달라지며 한참 세월이 지나 오래전에 겪은 멀미의 기억과 파장을 떠올린다. 그러다 문득 자신이 어떤 사람인지 조금 더 알게 되는 것, 생각해보면 나에게 여행은 언제나 그런 것"이었다고 말한다. 그는 영감을 얻기 위해서 혹은 좋은 글을 쓰기 위해서 여행을 떠나는 것이 아니고 오히려 그것들과 멀어지기 위해 여행을 떠난다고 한다.[2] 나 또한 나도 모르는 사이 쇠잔해진 내 마음과 몸을 챙기는 시간으로, 무언가를

2) 김영하 『여행의 이유』, 문학동네, 2019.

창조하기 위함보다는 그저 나를 놓아두는 시간으로 뉴욕에서의 하루하루를 살아가려한다.

유혜경, 일상과 상상, 91×73cm, 장지에 채색, 2023

지구의 역사를 품은 자연의 웅장한 신비 캐년

풍경 드로잉을 위해 여러 산을 오르다 보면 '압도적'라는 느낌을 자주 실감하곤 한다. 내가 그리는 산은 화가의 감성에 의해 2차 가공되어 화면에 표현되기 때문에 현장 스케치 당시 느꼈던 웅장함이라던가 또는 압도적이라는 느낌이 제한되어 아쉬울 때가 더러 있다. 이 때문에 화가로서의 바람이 있다면 '화가가 현장에서 느꼈던 감흥'이 관람자에게 조금이라도 전해졌으면 하는 것이다. 돌이켜보면 이번 여정 가운데 따로 다녀온 미국 서부지역의 캐년 여행은 내가 그동안 작업하면서 느꼈던 허기에 대한 실마리가 된 듯하다.

뉴욕에서 6시간 국내선 비행기를 타고 라스베가스에서 내려 하룻밤을 자고 이튿날 새벽부터 시작한 캐년 투어는 지난 가을 제주에서 함께했던 은희언니의 제안과 전폭적인 지원으로 떠나게 되었다. 무엇보다 두 살 터울인 친언니와 처음 가는 여행이라 더 설레었다. 화려하기 그지없는 라스베가스의 밤은 너무도 현란하고 분주한 느낌이라 고요를 좋아하는 나로서는 개인적으로는 한 번이면 족하다는 생각이 들었다. 우리는 아직 동도 트지 않은 새벽 미리 예약해둔 차를 타고 자이언 캐년(Zion Canyon)을 향해 달리기 시작했다. 라스베가스에서 차로 2시간 30분 거리에 위치한 자이언 캐년으로 가는 길은 황량한 느낌이었다. 거친 황무지 사이로 난 도로는 끝없이 이어지고 길 양옆으로 모진 바람과 척박함에도 불구하고 강인하게 자라나 흔들리는 작은 풀 군락과 키 작은 나무들 사이로 서서히 여명이 밝아왔다. 아기처럼 곤히 잠이든 언니들을 깨워 이 장관을 함께 하고 싶었지만, 오늘만 날이 아니라는 생각이 들어 그저 잔 브릴리언트 색으로 부옇게 번져가는 사막의 맑은 하늘을 조용히 눈에 담았다.

버진강(Virgin River) 사이로 신비스러운 붉은색 사암으로 우뚝 솟은 자이언 캐년의 장엄하고도 긴 협곡은 수백만 년의 세월 속에 침식작용으로 만들어져 천 길 낭떠러지와 여기저기 튀어나온 바위로 인해 지그재그로 만들어진 도로를 따라 가다보면 마치 성소를 찾아 오르는 듯한 느낌이 든다. 거대한 자연이 만들어낸 차원이 다른 경이로움은 여행자의 마음을 압도한다. 자이언 캐년은 유타(Utah)주의 첫 번째 국립공원이다. 유타 사람들이 이곳을 당시 '죽은 자들의 영혼이 머무는 곳' 이라고 생각하여 그 의미를 담아 성경에 나오는 시온(Zion)이라는 이름을 붙였다고 전한다. 성스러운 이름의 국립공원이 된 자이언 캐년은 끝없이 이어진 사암과 혈암, 석회암에 풀 한 포기 없는 암벽의 웅장함으로 인해 이름 그대로 신들의 정원으로 느껴지는 곳이었다.

마블캐년 가는 길, 콜로라도 강 시크릿 비치

우리는 유타주와 아리조나주 경계를 넘어 절벽들 사이의 협곡을 달리다가 몇 군데서 차를 멈추고 끊임없이 밀려드는 자연의 압도를 온몸으로 느꼈다. 특히 수직 절벽 그 바위를 뚫고 만들어진 터널은 인공이 전혀 가미되지 않은 곳이라 적요한 어둠이 터널 내부를 감싸고 있어 잠깐 자동차의 라이트를 끄자 공포가 밀려왔다. 이후 조금 더 가다보니 터널 중간 즈음 암벽을 반달 모양으로 커다랗게 뚫어놓은 구멍으로 햇살이 쏟아져 들어왔다. 마음 같아선 잠시 차를 세우고 거대한 절벽의 높이를 체감하고 싶었지만 안전이 염려되어 그냥 지나쳤다.

언뜻 '아! 내가 그동안 그리던 준(皴)이 이런 이미지일수도 있겠구나.' 라는 생각이 들었다. 그때부터는 캐년이 좀 더 입체적이고도 사의적으

로 다가오기 시작했다.

미국의 캐년들은 생김새나 풍광이 매우 다채롭다. 협곡의 거대한 모퉁이를 돌면 마치 먹음직한 페이스트리빵을 결따라 찢은 것처럼 생긴 거대한 암봉이 있는가 하면 분명 바위인데도 통나무의 껍질처럼 질감이 느껴지는 바위산들이 스쳐간다. 자이온 캐년을 지나 간단하게 점심을 먹고 다시 한참을 달려 도착한 브라이스 캐년(Bryce Canyon)은 여행자들에게 인기가 많은 국립공원 중 하나이다. 애리조나 주의 그랜드 캐년이 장엄하고 거대한 규모로 압도한다면 유타 주의 브라이스 캐년은 규모는 작지만 접근하기 쉽고, 초현실적이고 섬세한 바위들이 장관을 이루고 있다. 해발 2,700미터 브라이스 캐년의 무수한 바위 첨탑들은 바람과 빙하와 물이 수백만 년에 걸쳐 얼고 녹는 과정을 반복하면서 독특한 자연 지형 즉 돌기둥과 뾰족한 봉우리들을 만들었다. 이를 후두(Hoodoo)라 하는데, 후두는 석회질이 풍부한 암석 기둥으로 사람 키만한 것부터 높은 빌딩 높이에 이르기까지 다양한 크기로 기이한 풍경을 연출하고 있다. 사실 브라이스캐년의 썬셋 포인트 주차장에 도착해서 주위를 둘러 봤을 때만 해도 딱히 볼게 없다고 생각했는데 우리보다 먼저 와있던 외국인 가족을 따라 눈 쌓인 숲을 몇 걸음 걸어가서 보니 이런 거대한 장관이 펼쳐져 있었다. 선셋 포인트 가장자리 아래 약 2.5km의 분지 안의 수많은 후두들은 햇빛에 따라 시시각각 핑크색과 붉은색 때로는 보라색이나 갈색으로 변하며 신비한 광경을 만들어낸다. 현재도 침식이 진행되고 있는 건조하고도 척박한 땅, 암석기둥 사이로 반짝이는 한줌 햇빛을 향해 일제히 위로 솟은 침엽수 숲이 고대의 기억을 들추는 곳, 그 속에서 동물과 식물 그리고 인간이 공존하며 서로의 평화를 보듬는 브라이스 캐년을 우리는 서로 다르게 느린 걸음으로 걸으며 눈과 마음에 담기 시작했다.

모뉴먼트 밸리(Monument Valley)는 유타주 남부로부터 애리조나주 북부에 걸쳐 있는 지역 일대의 명칭으로, 뷰트라고 하는 바위산들이 마치 기념비(Monument)가 줄지어 있는 것과 같다하여 이름이 지어진 것이라고 전한다. 이곳은 예로부터 인디언인 나바호족의 거주 지역이고 현재는 인디언 보호구역으로 나바호족의 성지이며 유네스코 세계 자연유산에도 등재되어 있어 나바호족 관할 아래 일반인들에게 개방하는 인기 있는 관광지이다. 옛 서부영화에서 특유의 BGM 그리고 모래 바람과 함께 주인공이 등장하여 치열한 격전을 벌이던 장소였으며 영화 '델마와 루이스'에서 여주인공 둘이 갑갑한 현실에서 떠나 자유를 만끽할 수 있었던 멋진 공간이 바로 여기다.

모뉴먼트 밸리는 약 2억 7천만 년 전에는 단단한 사암으로 이뤄진 큰 고원이었는데, 5천만 년 동안 풍화와 침식 작용으로 모두 깎여지고 지금처럼 단단한 산들과 탁상대지만 남았다고 한다. 그러나 현재도 지속

모뉴먼트밸리(Monument Valley)

적으로 풍화가 진행되고 있기 때문에 바위산의 형태가 바뀔 가능성이 있다고 한다. 이곳은 특히 해 질 무렵에 붉은 사암과 햇빛이 만들어내는 일몰과 일출이 환상적인 곳으로 널리 알려져 있다. 그래서인지 서부극의 거장인 영화감독 존 포드는 모뉴먼트 밸리를 "지구상에서 가장 완전하고 아름답고 평화로운 곳"이라고 칭하며 자신의 영화에 반복적으로 등장 시켜 이후 미국 서부극의 대표적인 풍경으로 자리 잡게 되었다. 이곳은 앞에서 전한 바와 같이 개인 여행자의 진입이 금지되어 있어, 모뉴먼트 밸리와 미스터리 밸리 곳곳을 돌아보려면 나바호 인디언 가이드가 사륜구동차를 가지고 함께 하는 지프 투어를 하면 이곳을 보다 풍부하게 보고 느낄 수 있다. 특히 인디언 가이드들은 뷰포인트 선정과 설정 샷의 전문가들이라 이들의 말을 듣고 사진을 찍거나 또는 모델이 되면 인생 사진을 쉽게 얻을 수 있다.

대학원 시절, 영어 시험에 '시애틀 추장의 편지'가 제시된 적이 있었다. 처음에는 편지 전체를 영어로 외우고 쓰는데 급급했지만 시간이 지남에 따라, 자연을 대하는 인간의 소리 없는 웅변인 편지의 내용에 마음이 쓰여 읽고 또 읽다가 끝내 가슴에 남았다. '시애틀 추장의 편지'는 1854년 미국 북서부의 도시 시애틀이 지금의 워싱턴주에 편입되기 전 인디언들이 그 땅에 살던 시절 이야기다. 당시 미국 14대 대통령 피어스는 유럽에서 미국으로 이주하는 사람들이 많아지자 인디언 스쿼미시족 추장인 '시애틀'에게 그들의 땅을 팔라고 요구하며 땅을 팔고나면 그들이 지정된 구역에서 불편 없이 살 수 있도록 해주겠다고 제안했다. 당시 추장은 이러한 미국 정부의 요청에 대한 답을 편지로 보냈다. 이것이 이른바 '시애틀 추장의 편지'이다. 피어스 대통령도 추장의 이 편지를 보고 감동하여 그 지명에 시애틀이라는 추장 이름을 붙였다고 한다. 결국 1855년 미국은 시애틀 일대에 거주하던 인디언들을 학살했고 살아남은 시애틀 추장에게 인디언 보호구역을 내줄테니 거주지를 팔고 떠나라는 최후통첩을 한다. 이 임무를 맡은 아이삭 스티븐스가 추장에게 말하자 시애틀 추장은 "부족의 목숨과 맞바꿀 수 없어서 땅을 팔고 떠날 수밖에 없었지만 이 땅의 모습을 그대로 사랑해 달라!"고 당부했다고 전한다. 현재 시애틀은 미국의 대표적인 기업도시며 보잉과 마이크로 소프트, 코스트코, 스타벅스, 아마존등 유명기업의 본사가 위치해 있다.

> 워싱턴의 대추장이 우리 땅을 사고 싶다는 메시지를 보냈습니다. 하지만 어떻게 하늘과 땅을 사고팔 수 있나요? 우리가 이해할 수 없는 생각입니다. 공기의 신선함이나 물의 광채가 우리 것이 아닌데 어떻게 팔 수 있나요? 이 땅의 모든 것은 우리들에게 신성한 것입니다. 반짝이는 솔잎, 모래사장, 어두운 숲의 안개, 목초지, 윙윙거리는 벌레. 모두가 우리의 기억과 경험 속에서 신성한 것입니다. -중략- 우리가 이 땅을 사랑하는 것은 막 태어난 아기가 어머니의 심장 박동을 사랑하는 것과 같습니다. 만일 우리가 이 땅을 팔면, 우리가 사랑했듯이 당신들도 이 땅을 사랑해주십시오. 우리가 이 땅의 일부 인 것처럼 당신들도 그렇습니다. 대지는 우리에게 소중합니다. 백인이든 홍인이든 따로 생각할 수는 없습니다. 결국 우리는 모두 한 형제입니다.
>
> -시애틀 추장의 편지[1] 中-

앤텔로프 캐년(Antelope Canyon)에서 만난 초로의 인디언 가이드는 나로 하여금 '시애틀 추장의 편지'를 다시금 생각나게 했다. 이곳은 나바호족 인디언들이 직접 관리하는 곳으로 날씨가 좋은 날도 돌발 홍수의 위험이 있어 반드시 전문 인디언 가이드가 동반해야만 입장할 수 있다. 이곳은 수백만 년 전부터 오랜 시간 빗물이 붉은 사암층 사이로 스며들면서 바위를 교묘하게 조각했고, 침식작용으로 사암 벽에 나선형의 아름답고 우아한 곡선이 형성되었다. 이러한 신비한 굴곡은 자연과 시간이 만들어낸 위대한 작품이라 할 수 있다. 이렇게 아름다운 앤텔로프 캐년의 내부는 자칫 손상되기 쉬운 환경이라 함부로 딛고 올라서거나 긁을 수 있

1) 김동섭, 〈미국을 만든 50개 주 이야기〉, 미래의창, 2021

는 물건의 소지를 금지하는 등 각별히 주의와 보호가 필요해 각별히 관리를 하고 있다.

> 유타주와 애리조나 주 접경에 위치한 지역인 페이지(Page)에 위치한 미국에서 가장 넓은 인디언보호구역인 나바호에는 전 세계 수많은 사진작가들과 관광객들이 찾는 앤텔로프 캐년이 있다. 나바호 인디언들이 '물이 바위를 통과하는 곳'이라 불렀던 이곳은 1931년 12세 인디언 소녀에 의해 처음 발견됐는데 근처에 북미산 가지뿔 영양들이 서식하고 있어 앤텔로프 캐년이라고 이름이 붙여졌다. 이곳은 오랜세월 거센 급류가 나바호 사암 틈에 스며들어 자연이 만든 바위 동굴의 협수로가, 바람과 물의 거대한 힘과 세월에 의해 물결처럼 때로는 빛처럼 변화무쌍하게 깎여 환상적인 분위기를 연출한다. 현재도 바람과 비에 의한 강한 물살에 의해 깎이고 다듬어 지고 변화하고 있는 중이다.
>
> -정호영, 〈빛이 꽃으로 피어나는 협곡, 앤텔로프 캐년〉[2] 참조-

우리가 갔던 로워 앤텔로프 캐년은 윈도우 배경화면으로 유명한 곳이다. 이곳 계곡은 다양하고도 아름다운 공간들로 이루어진 구불구불한 길이 무려 300미터나 이어진다. 이곳을 안내하는 인디언 가이드들은 다른 곳과 마찬가지로 거의 전문적인 사진 촬영 기술을 가지고 있으며 어느 곳에서 어떻게 찍으면 만족스러운 결과물을 얻는지 잘 알고 있다. 그러니 혹시 이곳을 방문하게 된다면 사진 만큼은 온전히 가이드의 말에 순종하는 걸로 하자. 이번처럼 생각지 못했던 여행에서 얻는 것들은 생각보다 많지만 이 또한 일 또는 작업과 연관 지으려는 것이 버릇이 된 나에게 이번 여행은 다른 것에 대해 숙고하는 계기가 되었다. 그저 감사할일 밖에 없는데 왜 그리 머릿속이

2) 정호영, 〈바람으로 떠나는 숲 이야기〉, 중앙일보

수선스러웠던 건지. 참 감사하고 그저 또 감사할 따름이다.

자신에게도 몽고반점이 있어 한국인들과 한 핏줄이라 이야기하던 인디언 가이드는 벽을 지날 때마다 바위 표면에 손바닥을 대고 마치 주문을 외듯 중얼거렸다. 나는 궁금해서 그에게 바위에 손을 대고 무슨 말을 하냐고 물었다. 그는 하늘과 우리를 번갈아보다가 조용히 말했다. "자연에게 우리를 옛 조상 때부터 내내 지켜주셔서 감사하다고 인사하는 거라고......"

앤텔로프캐년(Antelope Canyon)의 인디언 가이드

갑자기 울컥 가슴이 뜨거워졌다.

Thank you for the Earth
Thank you for the Sky
Thank you for the Air
Thank you for all This......!

유혜경, 진경으로 구현된 기억 저장소, 34.8×27.4cm, 장지에 채색, 2021

신들의 산,
별들의 도시
치앙다오

얼마 전에 언니가 신발을 선물로 줬다. 언니는 "좋은 신발은 좋은 곳으로 데려간대! 아마도 이 신발이 널 좋은 곳으로 데려가 줄 거야."라고 말했다. 그래서인지 벌써 이 신발을 신고 좋은 곳을 여러 군데 다녀왔다. 별들의 도시 치앙다오도 그런 곳 중 하나였다.

인천공항에서 태국 치앙마이까지는 비행시간이 6시간정도 걸린다. 남편의 고등학교 친구인 백옥성씨 부부와 함께 밤 9시가 다되어서야 공항에 도착해 짐을 찾고 출구로 나가보니 기분 좋은 여름밤 공기가 코끝을 간지럽힌다. 한국을 떠날 때는 두툼한 패딩을 입어야할 정도로 추웠는데 치앙마이 국제공항에 도착하니 우리는 꽤 더운데 마중나온 지인은 경량 패딩을 입고 있었다. 태국은 아직 겨울이라고 하는데도 덥다. 지인은 이 나라에서 생활하며 현지의 날씨에 몸이 적응하면 18도 정도에도 패딩을 입어야 한다고 했다. 이 분은 몇 년 전까지 프로 골프선수였다가 현재는 태국에서 요즘 노년층으로부터 각광받는 스포츠인 파크골프장과 리조트를 운영하고 있는 이정진 대표님이다. 그는 차를 타고 숙소로

젝키파크골프 리조트에서 바라본 도이루앙 치앙다오

가면서 태국사람들의 문화나 특성, 치앙마이에 대하여 이야기하며 리조트가 있는 치앙다오까지는 약 1시간 정도가 걸린다고 했다. 치앙마이는 볼거리, 먹거리가 풍부하고 무엇보다 친근하고도 온화한 태국사람들의 성격과 낮은 환율 덕분에 한달 살기로 오는 한국 사람들이 꽤 많다. 복잡한 치앙마이의 자동차 도로를 벗어나 한참을 달리다보니 검문소가 나오고 이어 군인 여러명이 나와서 차창 안으로 시선을 훑는다.

치앙다오는 태국의 북부지역으로 '별들의 도시'라는 뜻을 지닌 조용하고도 한적한 곳이다. 이곳에는 치앙다오 어디에서도 볼 수 있는 큰 산이 있는데 이 산이 바로 도이치앙다오 국립공원이다. 이 산은 해발 2,175미터로 태국에서 3번째로 높은 산이다. 유네스코 생물권 보전 지역으로 지정된 이곳은 40년 이상 야생동물보호구역으로 관리되어 현재 260여종의 새와 340여종의 생물군, 다양한 식물군이 보존되어 있는 곳이다. 특히 최정상인 도이 루앙은 신비롭고도 매우 남성적인 산세를 지니고 있어 치앙다오와 함께 젊은 여행객들이 한번쯤은 꼭 가보고 싶은 곳으로도 알려져 있다.

치앙다오의 밤은 조용하고 고즈넉했다. 이대표님은 숙소에 들어가기 전에 저녁을 먹자며 미리 예약해놓은 식당으로 우리를 안내했다. 마을의 음식점들은 대부분 에어컨이 없는데 이곳만 에어컨이 있어서 이곳으로 정했다는 얘기와 함께 입장! 그런데 대부분의 창문이 다 열려 있는데도 참 이상하게 전혀 덥지 않았다. 늦은 밤, 정성스럽게 만든 팟카파오무쌉(다진 돼지고기로 만드는 볶음)과 그린 파파야를 채 썰고 마른새우, 고추, 땅콩가루, 라임등을 빻아 상큼하게 만든 쏨땀 그리고 현지식 팟타이가 식욕을 자극했다. 식사를 마친 후 치앙다오 법원 맞은편으로 3분정도 들어가니 이대표님이 운영하는 '젝키 파크골프 리조트'가 나왔다. 파크골프장과 리조트가 함께 있는 그곳은 꽤 넓고 나무와 식물들이 많아 마치 원시림같은 분위기를 자아냈다. 우리가 묵을 숙소는 태국 전통 목조 가옥이었다. 오래된 나무 특유의 느낌이 어둑한 전등 빛과 어우러지는 분위기에 약간 무서웠지만, 바삭거리는 새하얀 면으로 씌워진 침대와 햇빛 냄새 향긋한 이불을 덮고 이내 잠들었다. 그 후로 며칠동안 도시의 전형적인 건축 형태보다 자연에 가까운 아늑한 그곳에서 편안하게 푹 쉬었다. 다음 날 아침, 요란한 새소리에 일찍 깨어 근처를 산책하다보니 그곳은 간밤에 느꼈던 것보다 훨씬 더 아름답고 멋진 곳이었다. 형형색색의 꽃들과 이국적인 나무들이 즐비하고 잘 관리된 파크골프 그린과 함께 어우러진 작고 큰 연못들이 물안개를 피우며 햇빛에 반짝이고 있었다.

그동안의 여행은 항상 목적이 있었던 것 같다. 몇 시가 되면 무엇을 하고 몇 시에는 어디를 가며, 내일은 무엇을 할까 또 무엇을 먹을까 등등...그러나 이곳에서는 굳이 계획이 필요치 않았다. 리조트 식당에는 한국에서 온 단체 손님들이 식사를 하거나 더러는 식사를 마친 후 파크골프를 할 준비를 하고 있었다. 이곳의 손님들은 파크골프를 하는 노년층이 많기 때문에 아침, 점심, 저녁 식사메뉴는 대부분 한식이다. 나이가 들수록 여행가면 먹는 문제가 가장 커서 건강을 좌우하기 때문에 이에 대한 리조트의 배려가 음식으로 빛이 난다. 또한 식당은 숙소와 약간 떨어져 있어 식사를 위해서는 경치를 보며 걸을 수밖에 없다. 특히 식사 후 숙소 앞 벤치에 앉아 산신령이 살고 있어 신성하다는 도이루앙을 보며 마시는 커피 한 잔이 또 환상이다.

나는 도이루앙을 스케치하고 싶어 꼭 올라가보고 싶었지만 마침 도이치앙다오 국립공원이 폐쇄된 시기라 매우 아쉬웠다. 우리는 대신 동굴사원인 왓탐 치앙다오를 가기로 했다. 왓탐 치앙다오는 동굴 안에 있는 신비로운 사원이라 신기하기도 했지만 태국인들이 신을 섬기는 자세와 문화를 가까이 볼 수 있어 좋은 경험이었다. 태국인들은 사원을 가거나 불상을 보면 항상 공손하게 손을 모으고 절을 한다. 치앙다오의 이른 아침에는 수도승들이 나와 약간의 음식(공양)을 받고 축수하는 풍습이 전해져 오고 있다. 마음이 신산하거나 인력으로 되지 않는 어려운 일이 생기면 치앙다오 사람들은 미리 음식을 준비해놓고 승려를 기다린다고 한다. 새벽에 마을을 나가 서성거리면 탁발승의 모습을 쉽게 목격할 수 있다. 이렇게 가져온 음식으로 하루 한 끼밖에 안 먹는다는 수도승들이 대부분 비만이라는 것이 수수께끼라는 현지인의 이야기도 들었지만 내 생각으로는 그들이 많이 먹지 못해서 부은 것은 아닌가라는 생각을 했다. 한편 왓탐 치앙다오로 가는 길은 숙소에서 10여분정도밖에 되지 않지만 동굴사원이 근접한 곳으로 가면 인근에 살고 있는 고산족들의 시장을 보고 또 즐길 수 있다. 더불어 주변 호수와 건축물들도 매우 아름답다. 이곳에서 또 10여분을 가면 뜻하지 않게 도이치앙다오 국립공원으로 들어가는 입구에서 그리 멀지 않은 곳에 있는 천연 유황 온천을 보게 된다. 나도 치앙다오에 머무는 내내 새벽 여섯시마다 졸린 눈을 비비며 수건만 들고 이곳 온천에 가서 30여분동안 몸을 담그며 서서히 뜨는 해를 보았다. 일본군들이 태국 주둔시 유황냄새가 나는 이곳에 심정(深井)을 뚫고 간단히게 콘크리트로 만든 작은 원통(탕)을 곳곳에 두어 온천으로 썼다고 한다. 이 온천에는 작은 탕이 몇 개 있으며 탕마다 깊이와 온도가 조금씩 다르다. 또한 냇가가 바로 앞에 있어

치앙다오 노천온천

서 뜨거운 온천욕을 하고 바로 냉수욕을 할 수 있는 장점이 있다. 현재는 마을주민이나 관광객 모두가 이용할 수 있도록 하지만 특별히 환경 정비나 수질 관리는 하지 않는다. 이곳은 낮에 가면 사람들이 꽤 많지만 새벽이나 저녁에 가면 한산하게 이용이 가능하고, 특히 새벽에는 새로운 물이 받아져 있어 깨끗하게 즐길 수 있다. 무엇보다 가장 큰 매력이 무료다보니 주말에는 유황온천을 즐기려는 사람이 정말 많다. 그러니 평일에 치앙다오를 여행하게 된다면 멋진 일출과 함께하는 새벽 노천욕이나, 촛불과 함께 밤하늘의 별을 바라보며 분위기를 즐기는 저녁 노천욕을 꼭 경험해 보기를 추천한다. 큰 기대를 하고 가지만 않는다면 의외로 아주 멋진 곳에서의 좋은 추억이 될 것이다. '별의 도시'라고 한 것처럼 치앙다오의 밤하늘은 별천지였다. 얼마 전에 보았던 캐년에서의 별들이 먼 곳의 별들이었다면 이곳의 별들은 마치 손으로 잡힐 듯 가까워 보여 자꾸 뒤돌아보게 된다. 칠흑 같은 밤하늘, 넓은 나뭇잎들 사이로 낮게 들리는 바람소리, 이름 모를 꽃들이 아우성치며 풍기는 향기들, 좋은 사람들과 한 모금 두 모금 마시던 맥주…. 쏟아지는 별들 덕분에 이곳에서 나는 술이 늘었고 남편은 미소가 늘었다.

도이 인타논은 타이에서 가장 높은 산(해발 2,565m)으로 타이의 지붕(The roof of Thai)이라고도 불린다. 1954년에 국립공원으로 지정되었다. 히말라야산맥의 끝자락으로 해발 800m~2,656m 높이의 산들로 구성되어 있다. 총 면적은 482㎢에 이른다. 도이 인타논에 조성되어 있는 국립공원에는 약 1,274개의 식물 종과 90종의 난초, 그리고 약 385종의 조류를 포함하는 466여 개의 동물종이 서식한다. 앙카(Ang Ka)라고 불리는 등정로 주변으로 빽빽한 삼림을 볼 수 있으며,

등정로 끝에는 사원 차오크롬키앗(Chao Krom Kiat)이 있다. 산 정상에는 '땅과 하늘의 힘'이라는 의미를 가진 나파메티니이돈(Naphamethinidon)사원과 '하늘의 힘과 땅의 은혜'라는 의미를 지닌 나파폰푸미시리(Naphaphonphumisiri) 사원이 있다. 두 사원은 1987년 라마 9세(재위 1946-2016)의 60세 생일과 1992년 시리킷(Sirikit) 왕비의 60세 생일을 기념하기 위해 각각 건립되었다. 산간 저지대에는 카렌(Karen)족 마을이 남아있어 소수민족의 전통과 문화를 엿볼 수도 있다.[1)]

그날은 도이인타논에 가고자 치앙마이로 나온 것은 아니었다. 치앙마이의 핫플레이스인 치앙마이포레스트 베이크(SNS에서 예쁜 플레이팅으로 유명한 곳)에서 시원하게 땡모반을 각 1잔씩 마시고 난후 왓 쩨디 루앙사원으로 향하던 중 나는 태국에서 제일 높은 산인 '도이인타논(Doi Inthanon National Park)' 이야기를 꺼냈고, 일행 중 한 명이 영화 아바타를 3D극장에서 보며 겪었던 해프닝을 이야기 하던 중 제임스카메론 감독이 도이인타논에서 영감을 받고 이를 모티브 삼아 영화 '아바타'를 만들었다는 대화 끝에 이대표님은 치앙마이에서 2시간이나 더 가야하는 도이인타논으로 목적지를 설정했다. 나는 티가 나지 않게 크게 웃고 마음속으로 만세를 3번 외쳤다.

도이인타논은 태국에서 가장 높은 산으로 히말라야 산맥의 끝나는 곳이며 영화 아바타의 모티브가 된 산이다. 이곳은 1954년에 국립공원으로 지정되었고, 가장 높은 곳은 해발 2,565미터에 이르며 산책로가 조

1) 두산백과

도이인타논의 왓치라탄 폭포

성되어 있어 나무 데크를 따라 숲속을 걸을 수 있다. 도이인타논의 숲은 자연 그대로 훼손되지 않아 데크를 따라 숲속을 걷다 보면 차가운 바람과 아름다운 새소리, 거대한 나무들 사이로 쏟아지는 햇빛으로 조영된 몽환적인 분위기에 사로잡히게 된다. 사계절 여름인 태국이지만 이곳은 해발 2,500여 미터에 위치한 만큼 공기가 차다. 특히 정상은 한여름에도 10도 안팎으로 쌀쌀하기 때문에 긴 소매 옷이 꼭 필요하다. 특히 산 정상에 펼쳐진 열대우림은 도이이타논을 더욱 특별하게 만든다. 언제나 안개에 싸인 이 숲의 나무에 맺혀 있는 안개 물방울들은 태국의 주요 하천의 수많은 지류로 흘러든다고 한다. 특히 도이인타논산의 산악 부족인 카렌족 마을에는 와치라탄 폭포가 있다. 이 폭포는 비가 오지 않아도 1년 내내 물이 마르지 않는다고 한다. 70m 높이의 절벽을 타고 떨어지는 시원한 물줄기는 가히 장관이다. 마침 내가 그곳에 갔을 때는 건기라서 떨어지는 물의 양이 그렇게 많지 않은 편이라고 했지만 그것만으로도 경이로웠다. 우기 때는 그 수량(水量)이 엄청나게 늘어 멀리까지 물보라가 퍼져 무지개도 자주 볼 수 있다고 하니 이렇듯 웅장하고 거대한 자연 앞에서 무엇을 더 말할 수 있을까!

산들의 산, 별들의 도시, 대자연에서 보낸 며칠!

늦은 점심을 먹으러 들른 도이인타논내의 휴게소 같은 음식점은 관광이나 트레킹을 하러온 외국인들과 현지인들로 북적였다. 이곳에서 먹은 모닝글로리볶음, 생선튀김, 똠양꿍, 팟카파오무쌉은 그야말로 최고였다. 나는 여행할 때마다 현지 음식을 즐기는 편이다. 특히 태국 요리를 좋아하는 나는 먹을 때마다 "이 음식이 제 입맛에 잘 맞아요." 라고 했지만 사실은 좋은 사람들과 함께 먹는 것 자체를 좋아하는 것이었다. 잘 쉬고, 잘 놀고, 잘 먹고, 제자리로 잘 돌아온 나에게 어깨 한 번 툭 쳐본다.

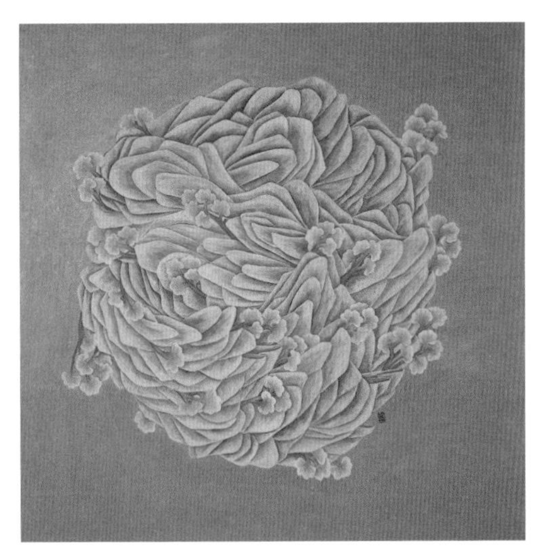

유혜경, 친숙한 응집, 60×60cm, 장지에 채색, 2022

영주 기행
부석사와
무섬마을

아직 이른 새벽, 버스가 떠나는 집결지에는 나 혼자 뿐이었다.

처음 가는 당일 버스여행이라 기대도 됐지만 혹여 늦을까봐 4시에 일어나 준비하고, 집 앞에서 오늘의 첫차인 버스와 전철을 타고 도착한 곳에 초록색의 버스가 미리 와있었다. 영주로 가기 위한 이 버스의 집결지는 총 네 정거장, 마지막인 죽전에서 여행객들을 태운 버스는 지체없이 영주를 향해 달려갔다.

작년 가을, 학교 수업이 끝나고 저녁에 즉흥적으로 떠난 안동여행의 마지막 행선지로 들렀던 영주의 부석사는 너무도 아름다웠다. 또 같은 지역에 있는 무섬마을도 들리고 싶었지만 이미 해가 저물고 있어 아쉽지만 나중에 한 번 더 와서 천천히 머물다 가리라 생각했는데 살다보니 시간을 내기가 어려웠다. 그렇게 정신없이 지내던 어느 날, SNS에서 광고로 뜬 '혼자 떠나기 좋은 여행'이라는 문구를 보고 클릭을 했고 이틀 후 나는 이 버스에 몸을 싣고 그토록 가고 싶었던 영주 부석사와 물위에

부석사와 배롱꽃

떠있는 섬, 무섬마을로 향한 것이다. '알고리즘은 생각도 파악하고 내게 이런 패키지여행을 추천하는 걸까?' 생각해보면 지난해 말부터 현재까지 여러 가지 번다한 일로 정신없이 지냈다. 사실 나는 정기적으로 골방에 들어가 현실의 스위치를 끄는 이른바 '잠시 멈춤'의 시간을 보내야 하는 성격인데, 나의 골방인 작업실도 거의 가지 못해 점점 과부하가 걸리는 시간들을 보내고 있었던 것이다. 그래서 혼자 떠나는 버스여행을 '심리적 골방'으로 선택했다.

부석사 주차장에 도착해 마주한 숲속의 가을과 여름은 묘하게 닮아 있었다. 키 큰 초록의 은행나무들이 만드는 운치 있는 숲길을 천천히 오르막을 걷다 보면 천왕문이 나오고 계단을 오르면 어느덧 고아한 부석사에 들어가게 된다. 녹음이 짙은 산사는 수국과 배롱꽃이 만발해 그 아름다움을 더하고 있었다. 두 번째 계단인 범종루를 지나 오른 경내에는 장마철이라서 사람들이 많지 않을 것이라는 생각과는 다르게 이날은 곳곳에 꽤 많은 사람들이 있었다.

"무량수전 앞 안양루에 올라앉아 먼 산을 바라보면
산 뒤에 산, 그 뒤에 또 산마루, 눈길이 가는 데까지
그림보다 더 곱게 겹쳐진 능선들이
모두 이 무량수전을 향해 마련된 듯싶어진다."
-최순우, 『무량수전 배흘림기둥에 기대서서』[1] 中-

나는 여고시절 헌책방에서 구입한 최순우 선생님의 책 『무량수전 배흘림기둥에 기대서서』를 읽으면서부터 부석사의 무량수전과 배흘림기둥에 기대어 바라보는 석양의 황홀한 풍경을 상상하고 또 고대했었다. 그러다 작년 가을에야 처음으로 이곳을 급하게 왔고 기대만큼 긴 시간을 머물지 못해 또 다시 온 것이다. 지난 가을에는 무량수전과 부석사 여러 전각을 복원 또는 보수하는 중이라 어수선했는데 이번에 가보니 공사가 완료되어 아늑하고 정갈했다. 안동 봉정사의 극락전과 함께 가장 오래된 목조건물로써 고려 시대 건축물인 '무량수전'으로 유명한 영주 부석사는 신라 문무왕 16년 의상대사가 창건하여 오랜 세월 동안 여러 번 개축을 해온 큰 규모의 사찰이며, 무량수전 외에도 부석사에는 많은 문화재들이 존재한다. 또한 부석사는 2018년 '산사, 한국의 산지 승

1) 최순우, 『무량수전 배흘림기둥에 서서』, 학고재, 2008

원'이라는 명칭으로 유네스코 세계문화유산에 등재된 7개의 사찰 중 하나이다. 부석사의 명칭에는 전설이 존재하며 이 전설에 나오는 부석 즉 '떠 있는 돌'이 무량수전 뒤편에 존재하고 있다.

무량수전 앞마당 끝에 위치한 누각인 안양루는 건물의 위쪽과 아래쪽 편액이 다르다. 난간 아랫부분의 편액은 '안양문', 무량수전 앞인 위층 마당 쪽은 '안양루'라고 씌여 있다. 이를 볼 때 이 건물은 문과 누각의 2가지의 기능을 가지고 있는 것이다. 부석사 안내판의 설명에 따르면 '안양' 즉 극락이란 뜻을 가진 안양문은 극락세계에 이르는 입구를 상징한다. 이 문을 지나면 극락인 무량수전이 위치해 현실과 이상이 공존하는 구조로 되어있는 것이다. 무량수전의 무량수(無量壽)는 '태어남과 죽음이 없는 영원한 생명'이라는 뜻이다. 이로써 안양문과 무량수전의 상징적인 공간적 특성이 가시화된다. 이상향인 극락세계를 상징하는 무량수전의 현판은 대부분 가로로 된 현판과는 다르게 직사각으로 되어 현대적인 글자 배열이 멋스럽게 느껴진다. 하지만 이 현판은 고려 공민왕의 친필로써 그 제작 시기가 600여년을 훌쩍 넘는다. 무량수전의 유명세를 더하게 한 '배흘림기둥'은 단단한 느티나무로 가운데가 볼록 나와 있다. 배흘림기둥으로 집을 지으면 멀리서 보았을 때 착시 현상 때문에 기둥이 똑바로 보인다고 한다. 무량수전은 단청이 거의 칠해져 있지 않고 또 보통 사찰의 전각 벽에 있는 불화 또한 그려져 있지 않아 수수하면서도 단아한 아름다움이 느껴진다.

부석사 안양루에서 본 풍경

한참을 무량수전 근처에서 돌아다니다 문득 안양루에 섰더니 표현할 수 없이 맑고 차가운 바람이 땀이 송글송글 맺힌 이마를 시원하게 식혀준다. 안양루에서 보면 멀리 겹겹으로 둘러싼 소백산의 산세가 보이고 아래로는 배롱꽃이 만발한 부석사 전경이 그지없는 풍경으로 펼쳐진다. 이 때문인지 예로부터 많은 문인들이 안양루에서 바라본 소백산의 경치를 시문으로 남겼다고 전한다. 장마철 눅진한 더위를 안양루에서 시원하게 식힌 후 마당 옆 작은 길을 따라 내려오는데 희미하고 달큰한 향기와 함께 툭툭 무엇인가 둔탁하게 떨어지는 소리가 났다. 올려다보니 길 옆 숲속에 커다란 돌배나무가 작은 돌배 열매들을 산발적으로 떨어뜨리고 있었다. 나는 길에 떨어진 돌배를 하나 집어 냄새를 맡아 보았다. '아! 이 냄새 였구나' 돌배 열매를 손에 들고 걷다가 한 번씩 달콤한 향기를 맡으며 정해진 식당으로 걸어갔다.

무섬마을-해우당고택

이번 여행에는 나 말고도 혼자 여행 온 사람이 두 명 더 있었다. 어쩌다보니 우리는 한 테이블에 앉아 밥을 먹게 되었고, 이야기를 나누다보니 비슷한 연배인 것을 알게 되어 중년여성 특유의 친화력으로 식사를 하면서 대화를 이어갔다. 거의 비슷한 이유로 혼자 여행을 다니기 때문인지 우리는 식사나 차를 마실 때 외에는 따로 다니며 혼자만의 여행을 즐겼다. 여담이지만 나는 국내 패키지여행에 선입견이 있어서 그동안 혼자 자동차로 여행을 다녔다. 하지만 이번 여행으로 이러한 선입견이 깨졌고 앞으로는 이 여행사를 통해 자주 혼자만의 여행을 편하게 즐길 수 있을 것 같다는 생각이 들었다. 맛있는 점심 식사 후 한 시간여를 달려 도착한 곳은 무섬마을이었다.

무섬마을은 아름다운 풍경과 외나무다리 사진으로 유명해서 언젠가 꼭 가보고 싶은 곳이었다. 무섬마을로 진입하는 다리는 버스가 통과하지 못하기 때문에 우리들은 돌다리를 걸어서 마을로 들어갔다. 전날의 폭우 때문에 불어난 물에 멀리 보이는 외나무다리가 온전해 보이지 않아서 '행여 그 다리를 건너지 못하면 실망인데' 하고 생각했는데 이 여행의 가이드격인 여행비서님이 발빠르게 달려가서 보내준 사진을 보니 역시나 불어난 물과 센 물살에 다리 곳곳이 소실되거나 잠겨있었다. 여행이라는 것이 원래 이런 묘미도 있지 않은가! 계획대로 되는 여행이 있는가하면 계획과는 다르게 흐르지만 그 안에서 새로운 재미를 찾고 즐기는 것! 바로 그게 진짜 여행이지.

무섬마을은 물 위에 떠 있는 섬을 뜻하는 '수도리'의 우리말 원래 이름이다. 낙동강의 지류인 내성천이 동쪽 일부를 제외한 3면을 휘돌아 흐르고, 내 안쪽으로 넓게 펼쳐져 있는 모래톱 위에 마을이 똬리를 틀고 앉아 있다. 풍수지리학상으로는 매화꽃이 피는 매화낙지, 또는 연꽃이 물 위에 떠 있는 형국이라 하여 길지 중의 길지로 꼽힌다. 이곳에 사람이 정착해 살기 시작한 것은 17세기 중반으로 여겨진다. -중략- 그야말로 마을 전체가 고택과 정자로 이루어져 있고, 안동 하회마을과 지형적으로도 비슷해 천혜의 자연조건을 자랑한다. 하회마을과 달리 일반에 그리 알려지지 않아 옛 선비고을의 맛을 흠씬 맛볼 수 있는 것도 무섬마을만이 가진 특징이다.

-영주 무섬마을-

무섬마을에서는 문화해설을 듣고싶어 여행비서님에게 문화해설사님에게 부탁드릴 수 있는지 여쭤보았다. 사실 미리 예약을 하지 않으면 문화해설이 불가능한데 다행이 무섬마을 여행 안내소에 계시던 '김위정 문화관광해설사선생님'이 흔쾌히 허락해주셔서 십여 명의 일행들은 무섬마을에 대한 이야기를 자세하게 들을 수 있었다. 또 여행 안내소에서 칠월 중순의 따가운 햇살을 피할 수 있는 예쁜 양산도 무상으로 대여해주어 편안하게 무섬마을 곳곳을 다니며 마을의 과거와 현재까지, 역사와 이야기를 들었다. 나는 여행을 다니면서 되도록 그 장소의 이야기를 듣기 위해 문화해설을 신청하고 듣는 편이다. 다른 곳에서 만난 해설사님들도 훌륭했지만 이날 무섬마을에서 만난 선생님은 세세한 지역의 이야기를 흥미롭고도 자상하게 전해주어 더 유익하고 즐거운 시간이 되었다. 이 지면을 빌어 그 분께 큰 감사를 전한다.

물위에 떠있는 섬이라 불리는 무섬마을은 네 가지가 없는 곳이다. 하나는 물 때문에 사당이 없다. 또 하나는 터가 작기 때문에 농토가 없고, 처음부터 마을을 조성했을 당시부터 친족들로 구성되어 있기 때문에 담이 없고 마지막 하나는 우물을 뚫으면 마을이 가라앉는다고 하여, 우물이 없다고 한다. 한편 무섬마을은 태백산의 물과 소백산의 물이 만나 합수하여 마을을 휘도는 곳이라 명당으로 불리며 현재도 학자들이 많이 배출되는 곳으로 알려져 있다. 마을 초입에 위치한 '해우당'은 평면이 'ㅁ'자인 기와지붕 집으로 무섬마을에서 가장 큰 집이다. 특히 이곳은 주인인 김락풍과 친분이 있는 흥선 대원군이 친필로 쓴 해우당 편액이 유명하다. 또 무섬마을은 자연과 어우러진 전통 한옥마을의 모습을 간직한 곳으로, 일제강점기에는 항일운동의 본거지로 반·상과 남·녀 구별

없이 민족교육을 실시했던 '아도서숙'이 있었다. 그래서인지 다양한 사상이 공존했고, 독립운동가 또한 많이 배출된 곳이다. 또 무섬마을 안에는 청록파 시인인 조지훈 시인의 처가가 있고, 이곳에는 신혼초에 자주 이곳에 머무르면서 그 무렵에 이 마을을 배경으로 지은 시 '별리'의 시비(詩碑)가 있다. 이외에도 우리가 알아야할, 알면 좋을 이야기가 많은 곳이라 기회가 된다면 한 번 더 방문하고 싶은 곳이다.

낯선 사람들과 함께 떠나고 돌아왔지만 별다른 교유나 기약 없이 자연스럽게 흐르듯 어느 여정에서 다시 만나자는 얘기와 함께 그날의 짧은 여행을 마쳤다. 나이가 든다는 건 어떤 것에도 미련이나 욕심을 점점 놓게 되는 일인 듯하다. 마치 별리의 한 구절처럼…

십리라 푸른 강물은 휘돌아가는데
밟고 간 자취는 바람이 밀어 가고

-조지훈의 시, 〈별리(別離)〉[2] 中-

2) 조지훈, 『한국대표 명시선 100, 승무』, 시인생각, 2013.

유혜경, 완벽한 은거, 27×34.5cm, 장지에 채색, 2024

메밀꽃 필 무렵
봉평과
월정사

길은 지금 긴 산허리에 걸려 있다.
밤중을 지난 무렵인지 죽은 듯이 고요한 속에서
짐승 같은 달의 숨소리가 손에 잡힐 듯이 들리며,
콩 포기와 옥수수 잎새가 한층 달에 푸르게 젖었다.
산허리는 온통 메밀밭이어서 피기 시작한 꽃이 소금을 뿌린 듯이
흐뭇한 달빛에 숨이 막힐 지경이다.

-이효석, 「메밀꽃 필 무렵」[1] 中-

내가 이효석의 단편 「메밀꽃 필 무렵」을 처음 만났을 때는 10대 초반이었다.

아버지는 아직 어린 나이에 부모와 떨어져 전라북도 도청소재지인 전주 풍남국민학교에서 유학하는 둘째 딸과 큰아들을 위해 2주에 한 번씩 쌀과 반찬을 어깨에 메고 올라와 하룻밤을 지낸 후 새벽차를 타고 고창으로 내려가곤 했었다. 당시 내 나이가 열두 살, 다정하게 작별 인사를

1) 이효석, 『메밀꽃 필 무렵』, 신원문화사, 2000.

하는 아버지의 목소리가 꿈결처럼 들리고 이어 살금살금 떠나는 발소리를 들으면서 나도 모르게 눈물이 흘렀었다. 잠시 후 대문 여닫는 소리를 마지막으로 다시 정적이 흐르면 동생과 나는 서로 티가 나지 않게 눈물을 훔치곤 했다. 얼마간의 시간이 흘렀을까! 어스름하던 빛이 창호를 타고 흘러 작은방을 밝히기 시작하면 여지없이 베개 옆에 500원짜리 지폐 한 장이 보인다.

아버지가 가끔 놓고 가시는 500원은 어린 딸과 아들에게는 꽤나 큰 돈이었다. 그 돈으로 학교 앞 문방구에서 노트와 연필도 사고 또 집 근처 헌책방에서는 많은 책을 구입할 수 있었다. 그 때 처음으로 샀던 책이 단편 소설집이었는데 그 안에 「메밀꽃 필 무렵」이 있었다. 지금 생각해보면 대부분의 근대 소설은 성적인 묘사가 꽤나 질펀했었다. 하지만 이효석의 소설은 서정적 분위기의 문체와 시적인 부드러운 묘사 때문인지 어린 나에게는 작가가 전하는 이야기보다는 시각적으로 펼쳐지는 아름다움이 더 크게 와닿았었다. 특히 '산허리는 온통 메밀밭이어서 피기 시작한 꽃이 소금을 뿌린 듯이 흐뭇한 달빛에 숨이 막힐 지경이다.' 이 구절은 지금까지 내내 간적 없는 낯선 봉평을, 구체적으로는 봉평 메밀꽃밭의 달밤을 그리워하는 계기가 되었다.

얼마 전 갑자기 일정이 변경되는 바람에 봉평에 가게 되었다. 생각지 않게 봉평 메밀꽃 축제기간에 그곳을 방문하게 된 것이었다. 이 날은 몇 달 전부터 제주에서 요양하고 있던 남편이 집에 잠시 와서 여정을 함께

봉평- 메밀꽃 축제

했다. 대부분 혼자 여행하면서 쉴 새 없이 걷고 생각하고 마음으로 기록했는데, 이날은 그야말로 새벽부터 저녁까지 누군가와 함께 여행을 하게 된 것이다. 봉평을 향해 달리는 버스 창밖으로 보이는 풍경은 이미 가을빛으로 변해가고 있는데 햇살은 거의 한여름으로 회귀하는 수준으로 맹렬하게 뿜고 있다. 출발할 때 여행사에서 준비해준 김밥을 든든하게 먹어서인지 노곤함에 점점 눈이 감겨 단잠을 자다보니 어느덧 휴게소에 도착했다. 잠시 휴식 후 다시 출발한 버스는 이내 봉평에 도착했다. 우리는 먼저 메밀요리 전문 식당에 들러 점심을 먹고 메밀꽃밭을 둘러보기로 했다. 메밀꽃 축제 기간이라 그런지 꽤 많은 사람들이 줄을 서서 기다리는 식당을 지나 한산한 식당을 찾아 들어갔다. 그곳에서는 기다리지 않고 맛있는 음식을 먹을 수 있었다. 메밀꽃 축제는 입장권을 메밀꽃밭이 조성된 곳에서 한번, 이효석의 소설을 형상화한 메밀꽃 포토존이 있는 곳에서 또 한번 구입해야한다. 메밀꽃 포토존은 이효석문학관 아래쪽에 위치해 있는데 소설 속 허생원과 조선달 그리고 동이가 인형으로 플롯에 맞게 배치되어 있다. 또 한 곳에는 물레방아와 젊은 허생원 그리고 분이가, 다른 곳에는 나귀를 끌고 가는 세 사람의 모습도 구현되어있어 소설의 정취를 깊게 느낄 수 있었다. 사실 우리는 그다지 인물사진 찍는 것을 즐기지 않아서 포토존으로는 입장하지 않았다. 그러나 이효석 문학관 내리막길에서 이 모든 정경을 볼 수 있었기 때문에 이렇게 묘사를 빈약하게나마 할 수 있는 것이다.

지천이 하얀 메밀꽃으로 뒤덮혀 축제가 한창인 봉평은 찌는 듯한 더위에도 즐거운 웃음소리가 가득했다. 우리는 곳곳에 세워놓은 작은 정자에 앉아 땀을 닦고 소소한 이야기를 나누며 쉬다가 또 걸었다. 항상 보던 하늘이 그곳에서는 왜 그리도 더 파랗고 높아 보이던지... 소금을 뿌린 듯 하얗게 흐드러진 메밀꽃들 너머로 먼 산이 이어지고 뭉게구름을 받치고 있는 하늘이 이곳이 소설 속 그곳임을 암시하고 있었다. 10대 초반, 여고시절 그리고 20대 중반, 30대 후반에 재차 읽었던 소설 「메밀꽃 필 무렵」은 그때마다 느낌이 다르게 다가왔다. 지금은 어린 시절에 헌책방에서 구입했던 책이 언젠가 분실되어, 2000년에 새로 서점에서 구입한 책을 소장하고 있는데 예전과 달리 선뜻 책에 손이 가지 않는다. 원래 너무 좋으면 오히려 머뭇거리며 다가가지 못하는 내 성격 탓일 수도 있겠다. 메밀꽃밭에 머무는 시간이 길어질수록 해는 더욱더 맹

월정사 적광전과 팔각구층석탑

렬하게 열을 뿜어대고, 땀으로 범벅이 되어 가쁜 숨을 몰아쉬는 내 모습을 보며 남편은 괜찮은지 묻고는 말없이 근처 카페로 가서 아이스커피를 주문했다. 사실 그 날 나는 '아! 더위를 먹으면 이렇게 되는구나.' 할 정도로 정신이 혼미해지고 있었지만 남편이 걱정할까봐 티를 내지 않고 있었다. 그런데 그가 이를 눈치 챈 것이다. 그는 내가 얼음이 가득 담긴 커피를 순식간에 마시고 난 후 혈색이 돌자 그제야 미소를 띠었다. 이제는 표정만 봐도 대충 알 수 있는 30년 지기 친구이자 부부인 감사한 우리다.

이효석문학관은 내용은 알찼지만 대중과의 소통은 20년 전에 그대로 머물러 있는 듯한 아쉬움이 드는 곳이었다. 전시동선을 고려한 리뉴

얼과 작가 관련 자료들의 재배치 또 장소 특정성에 맞춘 적극적인 공간구성 또 스토리텔링을 AR기반으로 구현할 수 있는 기술 등으로 시각적 볼거리를 제공하여 다양한 연령층의 관람을 유도할 수 있을 것 같은데, 이곳은 빛바랜 전시물과 텍스트들이 2002년 개관 당시에 만들어 놓았던 그대로 운영하는 것이 아닌가하는 합리적 의심이 들 정도로 낙후한 느낌이 들었다. 현재 이렇게 된 이유는 지자체나 기타 관련 단체가 운영에 개입을 하는 등 여러 가지가 있을 것이라는 생각도 들었지만 이효석 선생님을 그리며 찾아오는 많은 관람객들을 보며 조금이라도 전시관이 개선되었으면 하는 바람이 들었다.

월정사 전나무 숲길

다음 행선지는 월정사 전나무 숲길이었다. 월정사는 크기가 고른 다섯 개의 봉우리가 있어 이름이 된 오대산 국립공원에 위치하고 있다. 이곳은 천년의 숲으로 불리는 전나무 숲길이 '피톤치드를 마시며 맨발로 걷기'의 명소로 유명하지만 몇 년 전 드라마 '도깨비'의 촬영지로도 많이 알려져 있다. 전나무 숲길은 절의 입구를 알리는 일주문에서부터 월정사 경내까지 약 1km로 이루어진 황톳길이다. 워낙 많은 사람들이 걸어서인지 땅이 너무 단단해져서 맨발에 자극이 심하게 왔다. 그렇게 한참을 걷다가 숲길 끝에 있는 세족하는 곳에서 발을 씻고 바위에 걸터앉았다. 녹음이 짙은 나무 사이로 오대천과 금강교가 아름다운 숲과 어우러져 최고의 풍경을 선물해 준다. 전나무 숲길을 걷다보면 길 중간 중간 보이는 조각 작품들이 발길을 멈추게 한다. 단청을 새로 했는지 화려하기 그지없는 적광전을 한 바퀴 돌다가 전각 뒤편 벽에 그려진 심우도에 빠져 또 한참을 머물렀다. 그렇게 월정사에서 느릿느릿 한가로운 시간을 보내며 거닐다보니 맹위를 떨치던 햇살도 어느덧 한풀 꺾이는 건지 아니면 구름 그늘이 그리 만드는 건지 알 수 없지만 채도 낮은 공기가 모호한 분위기를 만들어낸다.

이번 봉평 여행은 오랜 시간 동안 흠모했던 이효석 선생님의 작품을 직면하는 시간이었다. 비록 낮 시간이라 '소금을 뿌린 듯 하얗게 흐드러진 메밀꽃들'은 보지 못했지만 그래도 별이 가득한 어두운 밤하늘 아래 새하얀 메밀밭이 연상되었고, 이 때문에 이후 기꺼운 시간을 보내고 있다. 돌이켜보면 나는 어린 시절부터 무언가를 보면 항상 이미지를 연상하곤 했다. 그래서인지 내 기억 안에서는 문학이 그림이 되고 음악 또한 색이 입혀졌다. 반대로 별서정원이나 풍광이 좋은 모처를 가면 시나 소설의 한 구절이 뇌리에 맴돌곤 한다. 그래서일까 내 그림은 인문학과 풍경이 바탕이 되어 있어 많이 걷고 또 많이 보아야 작업이 나온다. 작년과 올해는 〈그리고 그리는 기행〉 연재 때문에라도 만 리의 길을 걷고 만

권의 책을 읽고 있으니 이제 자의적 안식 기간을 끝내고 슬슬 작업을 해 볼까.

나귀가 걷기 시작하였을 때 동이의 채찍은 왼손에 있었다.
오랫동안 아둑신이같이 눈이 어둡던 허생원도
요번만은 동이의 왼손잡이가 눈에 띄지 않을 수 없었다.
걸음도 해깝고 방울소리가 밤 벌판에 한층 청청하게 울렸다.
달이 어지간히 기울어졌다.

-이효석, 「메밀꽃 필 무렵」[2] 中 -

이 글을 쓰느라 「메밀꽃 필 무렵」을 다시 읽었다. 중년이 된 내가 이전에는 느끼지 못했던 감정이 복받쳐 올라 한참을 끅끅 소리 내어 울었다.

---

2) 이효석, 앞의 책

※ 주: 이글 안에 있는 소설 직접인용문은 원문 그대로 실어 현대의 언어 표현과 다를 수 있습니다.

유혜경, 탈각된 공간, 40×40cm, 장지에 채색, 2021

유혜경, 탈각된 공간I, 40×40cm, 장지에 채색, 2021

장소와 풍경에서
나를 찾다
사유원

35년 전 겨울, 부산항 화물부두에 수송편의를 위해 가지를 쳐낸 거목 둥치들이 군용 모포에 둘둘 말려 선적을 기다리고 있었다. 이는 수령이 모두 300년 이상인 희귀 모과목인데, 일본으로 밀반출될 운명이었다. 당시 철강유통 사업을 하던 유재성 회장은 이런 내용을 알고 실거래가의 4배를 더 주고 네 그루를 사들인다. 그 후 사유원(思惟園)에 안착한 이 모과나무 네 그루에는 각기 고유번호가 매겨지고, 현재까지 극진한 보살핌을 받으며 해마다 향 좋은 모과가 열리고 있다. 태창철강을 운영하던 유회장은 그 후에도 수십 년간 여러 사연을 통해 모은 노거수인 108 그루의 모과나무를 팔공산 지맥 모처에 심고 아름다운 연못과 정원을 조성한 후 '풍설기천년(風雪幾千年)'이라는 멋진 이름을 붙였다. 바람과 서리, 인간의 욕망을 견뎌낸 모과나무들은 모두 수령 300~600년으로 풍설기천년은 사유원의 중심에 위치하고 있다. 이곳은 정영선, 박승진 조경가가 조성했는데 유회장이 운영하는 태창철강이 취급하는 붉은색 철판이 노거수들의 공간에 넓게 배치되어 마치 모과나무들이 거대한 화분에 담겨있는 것처럼 보인다.

사유원 '현암'에서 바라본 풍경

15년의 시간을 들여 숲을 조성하고 건축하여 2021년 9월 문을 연 '나를 마주하는 내안의 숲' 사유원은 경북 군위군에 있다. 해발 350미터 남짓한 야트막한 산에 건축계의 노벨상으로 알려진 프리츠커상을 수상한 포르투갈의 건축가 '알바로 시자'의 '소대'와 시자 건축의 걸작이면서 승효상 건축가의 '명정', '현암'과 함께 사유원을 대표하는 건축물인 '소요헌'이 있어 대중들에게 자연 안에서 사색하며 나를 만나기 좋은 장소로 알려져 있다. 특히 팔공산과 보현산, 금오산이 병풍처럼 둘러싼 지세의 중심에 위치해 어머니의 자궁과 같은 따뜻함과 편안함이 느껴지는 곳이기도 하다. 여담이지만 최근에는 드라마 '눈물의 여왕' 촬영지로 더 유명해졌다.

풍류의 산수 사유원, 팔공산 지맥 70만㎡에 사람이 만든 자연의 정수가 펼쳐 있습니다. TC태창을 이끌었던 사야 유재성이 평생 아꼈던 바위, 세월을 견딘 소사나무, 소나무, 배롱나무, 모과나무 그리고 세계적인 건축가 조경가, 예술가들의 원초적 공간이 함께 자리 잡았습니다. 사유원은 수목원이면서 산지정원이자 사색의 공간입니다. 계곡과 능선을 따라 무념산책을 합니다. 절기의 바람을 품은 산세,

거친 콘크리트와 붉은 철판의 그림자, 때로 들려오는 풍류의 소리가 부릅니다.
사유원의 아름다움이 본래의 우리를 부릅니다.

-사유원-

나는 건축에 관심이 많은 편이다. 내 작품에 자연으로 상징된 산과 현대적인 공간을 들여오다 보니, 인위적인 공간이지만 자연과 어우러지는 또 인간을 닮은 건축물을 좇아 어디든 찾아가서 보고 경험하는 것을 좋아한다. 파주의 미메시스 뮤지엄과 안양 예술공원의 파빌리온을 여러번 찾아가 보면서 동경했던 포르투갈의 거장 알바로 시자의 건축물이 사유원에 지어진다는 소식을 접한 후부터 내내 사유원이 개장하기만 고대하고 있었는데...2021년에 사유원이 문을 열었는데도 살다보니 생각처럼 시간을 내는 것이 쉽지 않았다. 그러다가 드디어 얼마 전 영주여행을 갔던 여행사를 통해 사유원에 다녀왔다.

이번에는 서울역 정류장에서 버스를 타고 출발한 여정, 좌석이 편해서인지 타자마자 잠이 들었다. 얼마나 지났을까 휴게소에 15분정도 정차한다는 여행비서님의 마이크소리에 눈을 떴다. 지난 여행과 마찬가지로 함께 여행을 떠난 분들은 다양했고 모두 조용히 여정을 즐기는 듯했다. 잠시 휴식을 마치고 우리는 이른 점심을 먹은 후 사유원에 도착했다. 10만평 크기의 사유원은 100% 사전예약제로 관람할 수 있는 곳이다. 사유원을 제대로 즐기려면 적어도 한나절은 머물면서 걷고 봐야 한다. 또 봄, 여름, 가을, 겨울 등 계절마다 다른 풍경으로 변하기 때문에 여러 번 방문해도 좋은 곳이다. 물론 평일 5만원이라는 입장료가 꽤 부담이기는 하다.

사유원의 정문인 치허문으로 들어가면 왼쪽 벽에 반가사유상 사진이 이곳을 찾는 분들을 반기며 '사유원'이 어떤 성격의 장소이고 풍경이 무엇을 말하는지를 시사하고 있다. 안내하시는 분이 나눠준 시원한 물 한 병씩을 들고 낮은 계단을 올라 꺾어진 길로 돌면 눈앞에 숲길이 펼쳐지기 시작한다. 사유원 곳곳을 다 돌아보려면 오르막, 내리막을 두루 오가면서 꽤 긴 거리를 걸어야 한다. 그래서 이곳을 방문하려면 낮고 편한 운동화가 효율적이다. 물론 나는 이번에도 아무 생각없이 늦봄부터 내내 신던 애착 슬리퍼를 그날도 신고 가서 밤에 다리가 아파 좀 끙끙거렸더랬다. 입구 계단을 오르면 꼬부랑길을 통해 알바로 시자가 건축한 '소요헌'과 '피사의 사탑'을 연상케 하는 10도 기울어진 전망대인 '소대'를 먼저 볼 수 있다. 사유원에는 자연과 건축물의 조화를 최선으로 여기는 건축의 시인 알바로 시자가 건축한 노출 콘크리트 건물인 '소대', 소요헌과 작은 예배당인 '내심낙원'이 있다. 이곳은 새들이 자유롭게 드나들고 새집 또한 곳곳에 있다. 소요헌을 포함한 사유원의 건축물들은 인스타그램 등과 같은 SNS에 아름다운 사진으로 많이 올려져 있다. 알바로시자는 스페인 마드리드시에 피카소의 대작 〈게르니카〉를 전시할 아트 파빌리온 프로젝트를 추진했지만 안타깝게도 게르니카 작품 유치 실패로 무산되었다. 이후 유재성회장이 이 계획을 듣고 시자에게 이를 한국에 구현할 것을 제안해 몇 년에 걸친 설득 끝에 설계도를 건축 의도와 주변 환경의 맥락에 맞게 수정하여 경북 군위 사유원에 창조했는데 그것이 소요헌이라고 한다. 소요헌은 장자의 '소요유'에서 따온 이름으로 '자유롭게 거니는 집'이다. 그래서인지 소요헌 내부에는 어떠한 장식도 없으며 커다란 조각상과 건축물만이 존재하며 공간의 웅장함을 느낄 수 있는 곳이다. 이 거대한 공간이 주는 압도와 감동을 어떻게 표현해야 할까.

가가빈빈 앞에서의 탁족

앞서 말한바와 같이 사유원은 10만평의 자연 곳곳에 아름답거나 사색하기 좋은 공간들이 있어서 안내소에 배치된 가이드맵을 가지고 가지 않으면 자칫 헤맬 수 있다. 물론 기둥들마다 큐알코드가 있어 카메라만 대면 자신이 서있는 곳을 알 수 있기도 하다. 나는 소요헌에서 치밀한 각도로 설계된 창을 통해 차경과 자연채광을 즐기고 피카소의 게르니카를 오마주한 설치작업을 보며 한참을 머물렀다. 이 때문에 소대는 다음 방문 때 가기로 하고 등에서 적당히 땀이 흐르게 만드는 오르막인 비나리길을 통해 풍설기천년으로 발걸음을 옮겼다. 글 초입에 설명했던 풍설기천년은 사유원이 존재하게 된 이유이며 벽과 몇 개의 의자를 배치해 놓는 것만으로도 사람들을 자연과 동화되고 나눌 수 있도록 꾸민 곳이다.

풍설기천년에서 몇백 년의 세월이 느껴지는 모과 노거수들의 기품을 감상하며 걷다보니 어느새 붉디붉은 배롱꽃이 만발한 곳으로 들어섰다. 바로 '별유동천'이다. 인간 세상이 사라진 별유천지 무릉도원을 200년 넘은 배롱나무 숲으로 구현해 놓았다. 별유동천을 지나 작은 언덕을 넘으면 생각하는 연못이라는 뜻의 '사담'이 나온다. 입이 벌어지게 아름다운 연못 사담은 소쇄원을 동경한 설립자의 의도가 듬뿍 담긴 자연의 정수이다. 사담 옆에는 '조사'라는 매우 높고 좁은 건축물이 있다. 이곳은 새들의 보금자리이자 새들의 수도원이라 불리는 곳으로 관람객의 출입은 되지 않는 곳이다. 사담 가장자리에 위치한 몽몽미방 마당을 거쳐 뒤꼍으로 올라가 낮은 기와 담장 안으로 들어가면 '유원'이 나온다. 이곳은 설립자가 오랜 기간 모아 온 소나무와 돌들로 한국 전통정원으로 조성한 곳이다. 단아한 누대와 그 옆을 흐르는 계류(溪流), 한창인 흰 수국과 소나무로 구성된 정원, 유재성의 호를 딴 '사야정' 대청마루에 올라 앉아서 8월 한 낮 더위에 흘린 땀을 시원한 바람에 식히며 바라 본 풍경과 새소리, 물소리가 지금도 선명하다. 한편 사유원에는 '다불유시'(多不有時)라는 공간도 있다. 생태 화장실을 만들자는 유회장의 의견에 따라 승효상 건축가가 지은 이곳은 WC의 영어 발음을 한자어로 넉살스럽게 표현한 화장실이며 사유원 곳곳에 있다. 그저 바닥에 작은 네모 하나 파낸 야외 화장실인 이곳을 이용하려면 필히 누군가가 망을 봐줘야 한다. 왜냐하면 자연과 조응하는 열린 공간이기 때문에 입구를 들어가 시선만 돌려도 일을 보는 사람과 눈을 마주쳐 당황스러울 수 있기 때문이다.

이런 날씨에는 아이스커피 한잔을 꼭 마셔줘야 한다는 마음으로 카페 '가가빈빈'으로 가는 길에 잠시 '내심낙원'에 들렀다. 알바로 시자가 설계한 '작은 오두막'을 닮은 내심낙원의 육중한 나무 문을 열고 들어가면 소박한 묵상용 가구와 십자가가 있다. 내심낙원은 설립자의 장인 김익진과 우정을 나누었던 찰스 메우스 신부를 기리는 경당으로 평소 시자 건축과는 달리 나무 소재로 천장을 마감한 게 인상적이었다. 내부는 의외로 밝았는데, 그 이유는 높이 뚫린 창 때문이었다. 그 창 하나로 빛이 스며들면 작은 예배당에는 숭고함마저 감돈다. 사유원 가장 높은 곳에 위치한 카페 가가빈빈에서 에어컨 바람을 흠뻑 쐬며 내가 자본주의에 젖어있는 사람이라는걸 실감했다. 하지만 자연 바람은 거의 온풍이니.....나처럼 얼굴 땀이 많은 사람은 자칫 뭔 일 있냐는 말을 듣기 십상이다. 어쨌든 더위를 식힌 후 명정에 가기위해 가가빈빈을 나서니 눈앞에 금오산의 절경이 펼쳐진다. 한걸음 다가가 보니 '탁족'이라고 쓰여있지 않은가! '그렇지 옛선비들도 이런 더위에 탁족을 즐기지 않았나.' 나는 한껏 바지를 올려 접고 앉아서 물에 발을 넣었다. 고인 물이니 한낮 더위에 미지근할 것이라는 생각과는 다르게 시리도록 차가운 물이었다. 한참을 기지개도 펴고 음악도 들으면서 앉아 있다가 일어섰다. 하루 종일 앉아있어도 지루하지 않을 풍경을 즐기면서!

사유원의 대표 공간인 '명정'은 승효상 건축이며 현생과 내생이 교차하는 곳이다. 사실 설립자는 사유원 전체를 조망하는 전망대를 건립하라고 주문했는데 건축가는 관람객을 땅속으로 인도하고 있다. 지금까지 보아온 풍경을 풀 한포기 보이지 않도록 한 번에 단절시키고 하늘과 돌, 물로만 공간을 구성하여 관람자 스스로의 마음을 전망하는 마음 전망대를 만들었다. 이는 성찰의 공간이다. 낮은 전망대인 이곳은 물이 흐르는 망각의 바다와 붉은 피안의 세계를 둘러싼 작은 성소 그리고 삶을 은유하는 좁은 통로로 구성되어 있다. 붉은 벽이 피안의 세계를 의미하고 물은 차안과 피안의 경계선을 의미하며 마치 미로처럼 이루어진 통로를 지나 물이 흐르는 곳으로 나오게 되면 우리가 보던 풍경이 아니라 새로운 공간이 펼쳐진다. 이곳은 그 전에 보던 세상과 다르게 보이게끔 하는 설계자의 의도가 담긴 공간이다. 물 떨어지는 소리의 공명을 들으며 사유를 하면서 참 좋았기 때문에 개인적으로는 '명정' 이 가장 기억에 남는 공간이다.

승효상 '조사(鳥寺)'

이날 마지막으로 들른 '현암'은 사유원에서 첫 번째로 이루어진 건물이며, 설립자가 머무는 공간을 8년에 걸쳐 건축하였기 때문에 설계자의 세심함과 의도가 가장 잘 담긴 공간이다. 현암은 사계절 변모하는 수목들을 가장 조망할 수 있는 곳이다. 명당의 조건을 다 갖춘 이곳은 다른 이름의 세 산이 멀리서부터 포근하게 안고 있는 형세로 마치 어머니의 자궁과 같은 곳에 아름답게 위치해 있다. 미리 예약하면 일정 시간 동안 티타임과 숲멍을 즐길 수 있다. 이번 방문에는 현암의 티타임을 예약했기 때문에 먼저 옥상에서 풍경을 만끽하다가 시간에 맞춰 천천히 걸어 들어갔다. 다도를 배우지는 않았지만 구운 인절미와 작은 팥양갱을 조심스럽게 먹으며 많은 재료가 들어간 쌍화차를 티포트에 모래시계에 맞춰 우린 후 마시면서 바라보는 풍경은 처음에는 감탄이었고 싱잉볼 명상을 하면서는 많은 생각을 했다. 이내 머리를 비우고 아무 생각 없이 숲을 바라보며 멍을 때리다 보니 어느 순간 정신이 아득해지면서 눈물 한 방울이 툭 떨어지며 아까 숲길에서 봤던 글귀가 떠올랐다.

우리들은 이제
별 담은 샘물 한두 잔 비우고는
마련된 쉴 곳으로 모두 돌아갈 것이다.
-사유원, 좌망소-

현암을 나오면서 나도 모르게 '그지없는 하루 끝에 나를 만났네!'라고 혼잣말을 했다. 생각해보니 나 참 분주하게 살아왔구나! 뭣이 중허다고 그렇게......

유혜경, 현실과 이상의 경계, 27×34.5cm, 장지에 채색, 2024

소담한
여백의 미학
병산서원

올해는 시작부터 바쁨의 연속이다.

1월초에 시작되어 2월 4일까지 진행하는 열정갤러리 기획전과 2월 7일부터 3월 15일까지는 전시기획팀인 시스터후드 기획으로 한솥아트스페이스에서 전시가 열린다. 두 전시 모두 크고 작은 작품들이 여러 점 걸리게 되어 작품 운송팀이 다녀가자 간만에 작업실이 넓어졌다. 4월에는 매거진큐에 2년 동안 연재해왔던 〈그리고 그리는 기행〉 출판 기념전시와 몇 번의 북토크가 예정되어 막바지 원고 작업과 2025년 신작 몇 점도 함께 작업하고 있다. 몇 주 전 전시 참여 의뢰가 온 경상북도에 위치한 모 미술관의 기획전에는 미술관 측에서 구작 몇 점을 선택하기로 정해 참 다행이라는 생각이 든다. 전시도 전시지만 학부 때부터 존경하던 선생님 두 분이 참여하는 3월 전시의 글을 쓰게 되었다. 사실 한국미술계에서 큰 발자국을 남기고 있는 큰 선생님들이라서 부담이 크기도 하고 글을 위해 찾아가 이야기를 나누는 것도 너무 어려운 입장이라 나의 부족한 글 솜씨를 들어 극구 사양했는데, 두 선생님께서 작업을 위해 떠나고 드로잉으로 돌아왔던 여러 여정에 대한 작품 이야기를 글 속에 담기를 원하셔서 결국 쓰게 되었다. 그렇게 선생님들의 작업실을 여러 번 방문하여 작업과 활동에 관한 말씀을 경청하고 자료를 채집하며 현재는 글을 쓰기 위한 준비 작업을 하고 있다.

연세가 칠십 대 중반이지만 여전히 열심히 작업하고 활동하는 현재 진행형 작가며 소년의 미소를 지닌 민정기선생님은 장소와 시간을 작업으로 기록하는 화가다. 이 때문에 많은 곳을 여행하고 사진과 드로잉으로 기록하여 작품을 구현한다. 며칠 전 선생님의 작업실에서 전시 서문을 위한 인터뷰를 마치고 차를 마시며 이야기를 나누는 가운데 그동안 내가 궁금하게 생각했었던 몇 가지 질문을 드렸다. 그중 하나가 "지금까지 다녀온 곳 가운데서 가장 기억에 남는 곳이 어디인가?"였다. 선생님은 가만히 눈을 감고 계시다가 안동 병산서원이 제일 마음에 남았다고 하셨다. 병산서원이라... 내가 2023년 10월 느닷없이 떠난 안동 여행 때 처음 방문했고, 이후 두 차례 더 찾아간 그곳이 내가 존경하는 백발의 화가 선생님에 의해 새삼 떠오른 것이다.

영상매체나 사진으로만 봤던 병산서원을 가게 된 것은 순전히 우연이었다. 2년 전 늦더위가 기승을 부리던 10월에 즉흥적으로 떠난 안동 여행, 밤 11시를 훌쩍 넘어 도착한 안동의 게스트하우스에서 주인장이 수건과 일회용 세면도구를 챙겨주며 시간이 되면 꼭 가보라며 좋은 곳들을 이동 동선까지 체크하며 세심하게 알려주었다. 이튿날 그가 알려준

만대루의 덤벙주초와 휜 기둥

동선을 따라 얼영교-봉정사-병산서원을 들렀다. 유네스코 문화유산이자 우리나라에서 가장 아름답다고 소문이 난 병산서원은 명성만큼이나 탄성을 자아내게 하는 곳이다. 그 가운데서도 인공과 자연이 하나가 된 공간인 만대루에서 마주하는 울창한 송림 아래로 펼쳐지는 낙동강 풍경이 한 폭의 그림 같다. 만대루라는 이름은 당나라의 시인인 두보의 시 「백제성루(白帝城樓)」에 나오는 "푸른 절벽은 오후 늦게 대할 만하다[翠屛宜晩對]"에서 빌려온 것으로 알려져 있는데 내가 그곳에 도착한 시간이 오후 1시 무렵이어서 울창한 초록의 절벽과 며칠 전에 내린 비로 황톳

빛을 띤 강물을 본 것으로 만족해야 했다.

병산서원의 비경가운데 최고인 만대루는 휘어진 나무를 생긴대로 기둥으로 세워 누마루를 떠받들고 있고, 다듬지 않은 투박한 돌을 가공하지 않고 주춧돌로 놓아 그 위에 18개의 기둥을 세우는 일명 덤벙주초로 건축이 되었다, 이러한 건축형식은 초석을 덤벙덤벙 놓았다 해서 '덤벙주초'로 불린다. 덤벙주초에는 강돌은 쓰지 않고 산돌을 쓴다고 한다. 강에서 채취한 돌은 미끄러우면서 성질이 차고 음이라서 사용하지 않는다고 하는데 아마도 사람이 사는 집을 그 위에 세워야 하는 만큼 산돌의 '따뜻하고 양'한 성질을 갖고자 함으로 볼 수 있다. 나는 '자연'을 좋아한다. 어떨 때는 겹겹이 자리한 고층 건물 때문에 시야가 가리는 곳에서도 건물 사이로 작게 보이는 산의 한 조각과, 나무, 하늘을 시간이 날 때마다 바라본다. 이런 내가 병산서원 마당에서 만대루의 7칸 기둥 사이로 바라보는 산과 강 그리고 하늘을 바라보는 호사를 누리다니!

당시 만대루는 보수 중이라 올라갈 수 없었다. 최근에는 모 방송국에서 방영 예정인 드라마 촬영 스텝이 소품을 설치하기 위해 만대루와 동재 보아지(기둥과 들보를 연결하는 보강용 널 조각) 10곳에 못질을 해 논란이 되고 있다. 사실 배롱꽃을 보기위해 다시 병산서원을 방문했던 작년 늦은 봄에도 모 드라마 촬영을 하고 있었다. 조용하고 고즈넉했던 첫 방문 때와는 달리 강학공간의 중심 건물인 병산서원 입교당 마루에서 스텝 여러 명이 드러눕거나 문화유산인 건물 기둥에 기대어 시시껄렁한 대화를 나

병산서원-복례문

병산서원에서 바라다 본 풍경

누고 있는 것을 목격하고 그러시면 안 된다고 친절하게 이야기를 했지만 그들은 아랑곳하지 않았다. 외면하는 그들을 뒤로하고 '자기를 낮추고 예로 돌아가는 것이 곧 인이다'라는 복례의 뜻을 지닌 복례문으로 나가는 길에 속이 많이 상했지만 더 할 방법이 없어 병산서원에 들어선 지 십 분도 되지 않아 집으로 돌아가기로 결정했다. 몇 달 후 그 드라마는 흥행에 실패를 했고 시간이 지나 이번에 더 큰 사건이 벌어진 것이다. 보도에 따르면 병산서원을 포함한 안동 촬영분을 전량 폐기하고 방송 매체를 활용해 사과의 뜻을 알리기로 했다고 한다. 또한 이참에 촬영 가이드라인도 새로 손을 본다고 한다. 즉 문화유산, 사적지, 유적지 등에서 촬영할 경우 문화재 전문가에게 자문하는 내용 등을 담겠다는 방침이라고 하니 어떻게 하는지 관심을 갖고 추이를 지켜봐야겠다. 물론 훼손한 부분에 대해서는 방송국 측이 반드시 복원해야 할 것이다.

병산서원 건축의 'ㅁ'자 마당은 조선시대 건축에 보이는 여백미의 전형이라 할 수 있다. 특히 만대루 밑을 지나 돌계단을 오르면 전면 높은 석축 위에 남향으로 배치되어 있는 입교당 아래 마당은 '배산임수' 풍수의 명당으로부터 시작하여 다시 건물을 중심으로 모으는 따듯한 구조로 되어있다. 입교당 대청의 전면을 개방하여 만대루 기둥 사이사이의 트인 공간을 통해 자연을 바라볼 수 있도록 하였다. 그야말로 차경의 백미라 하겠다. 한편 복례문을 통과하면 좌측에 바로 보이는 연못이 있는데 이름이 '광영지(光影池)'이다. 이곳은 유생들의 휴식을 위해 조성한 연못이라고 전해진다. 광영지는 동양의 전통적인 세계관으로써 하늘은 둥글고 땅은 네모나다는 '천원지방(天圓地方)' 형태의 연못이다. 작고 아담해서 더 예쁜 연못, 광영지는 땅을 의미하는 네모난 못 가운데 하늘을 상징하는 둥근 섬을 두었다. 이 연못에 배롱나무가 피는 시기에 가면 작은 섬과 물에 배롱꽃이 떨어져 마치 붉은 융단을 연상하게 한다. 이곳은 원림의 경관 조성법을 많이 닮아 있다. 초봄에는 입교당 마당 누마루 앞 옛 기숙사였던 동직재(動直齋)와 정허재(靜虛齋) 양쪽에 매화 노거수가 서 있는데, 한 번에 같이 피는 적이 없고 번갈아 매화꽃을 피운다. 병산서원은 사계절 어느 때도 참 좋다.

병산서원을 나와 주차장을 향해 걷다 보면 소박한 카페와 선물가게 또 지역 화가의 작업실 등을 볼 수 있다. 걷다보니 아침에 식빵 두 쪽과 커피 한 잔만 먹은 터라 허기가 밀려왔다. 그러던 차에 선물가게 옆으로 낡은 식당 간판이 보여 무작정 그곳으로 들어갔다. 식당의 내부는 입구의 낡음보다 훨씬 허름했다. 선술집에서 쓸법한 함석 재질의 원형 테이블 4개와 삐걱대는 의자, 이곳에서는 허리가 굽은 할머니 한 분이 주문을 받고 음식도 만들었다. 한 쪽에서는 막걸리와 김치를 앞에 두고 촌로 두 분이 담소를 나누고 있다. 나는 고등어구이 백반을 주문하고 잠시 후 할머니는 커다란 원형 알루미늄 쟁반에 음식을 담아 왔다. 참 소박한 상차림이다. 별 기대 없이 된장국물을 입에 넣는 순간 바로 느낌이 왔다. 국물이 걸쭉하니 진한 것이 영락없이 우리 엄마의 손맛이다. 이어 가지무침과 부추김치, 고추무침, 깍두기를 한 젓갈씩 먹다 보니 목이 메어왔다. 몇 년 전 엄마가 중증 치매로 진단을 받고 이후 아찔하고도 위험한 상황을 여러 번 겪다가 결국 요양병원에 모셨는데 그 이후로 솜씨 좋던 엄마의 음식을 맛보지 못했다. 그러다가 이곳에서 엄마가 만들어주셨던 음식과 흡사한 맛을 보게 된 것이다. 꾸역꾸역 올라오는 울음을 삼키며 할머니가 주신 음식 전부를 남김없이 먹고 나서 음식값을 물었더니 7천 원이란다. 아무리 2년 전이라도 이렇게 저렴한 식사를 본 적은 없다. 심지어 무려 엄마 손맛인데...나는 음식값으로 만 원을 드리고 할머니께 손 한 번만 잡아도 되냐고 여쭸다. 그녀는 흔쾌히 내 손을 잡고 믹스커피 한 잔을 권했다. 우리는 그렇게 인사를 나눴다.

아마도 민선생님은 나와 비슷한 이유로 병산서원을 마음에 둔 것 같다. 화가들은 본인의 화풍으로 그림을 그리지만 자연을 대할 때는 대개 비슷한 감정으로 조응을 하기 때문이다. 이번 전시에 선생님의 병산서원이 등장하지는 않지만 양평 모처의 30년 시간을 몇 개의 화면에 마치 연대기처럼 작업하고 있다. 2인 전이지만 작업에 최선을 다하고 또 사람에 대한 배려가 몸에 배인 노 화가의 모습은 까마득한 후배의 귀감이 된다. 일천한 글 솜씨 덕분에 이루어진 만남이지만 대선배인 민정기 선생님과 이종송 선생님의 작업실을 오가는 길에 작업과 이를 풀어가는 방식 또 화가로써 삶을 살아가는 자세에 대해 많이 배우게 된다. 항상 그랬듯이 2인전 또한 대부분 신작을 선보이기 위해 작업을 함에 있어 두 분 모두 그저 제발 몸이 상하지 않으셨으면 하는 바람이다.

유혜경, 차원 이동 포털, 41×30cm, 장지에 채색, 2025

마치며

3개월여 만의 퇴원, 내내 혼자였지만 몹시 집이 그리웠던 그녀는 요양병원으로 가는 길에 잠시라도 집에 머물길 원하셨다.

어머니께서는 요양병원에 머물게 되면서 앞치마와 턱받이가 필요하게 되었다. 가게에서 구입해서 넣어드린 앞치마가 두껍다며 반드시 집에 있는 앞치마를 가져와달라고 정확하지 않은 발음으로도 단단히 당부하셨다.

몇 년 전부터 혼자 생활하셨던 집. 화초를 좋아하시는 우리 어머니를 위해 대신 물도 주고 통풍도 하고 문제의 앞치마도 찾을 겸 들른 어머니의 아파트. 그녀는 매일 매일 간단한 메모의 일기를 썼다. 당신께서는 그 방법이 치매를 막는 효율적인 방법이라고 생각하신 듯 했다. 일기장에 꾹꾹 눌러 글을 쓰면서 바쁜 새끼들에게 피해가 될까봐 전화도 못하고 그저 오는 전화만 기다리며, 남들은 들뜨게 기다리던 주말, 그녀 또한 새끼들의 자동차가 들어올까 아파트로 들어오는 길목에 내내 시선을 고정했으리라...

앞치마를 찾다가 발견한 어머니의 일기. 그 일기는 2021년 2월11일을 마지막으로 더 이상 쓰이지 못했다. 어머니가 찾던 문제의 앞치마는 오래전 아버님께서 떠나시기 전에 사용하시던 것이었다. 아마도 그녀는 먼저 가신 남편이 그리웠던 것이다. 잠시의 바람과 움직임, 그리고 사람의 온기가 머물렀던 어머님의 공간. 뎃문을 닫고 나서다 돌아보니 격자창을 통해 늦은 오후 햇살이 우리 대신 머무르고 있었다.

몇 년 전, 잡기장에 끄적였던 글을 마치는 말로 대신한다. 그리고 한평생 자식들만을 짝사랑하며 짧게 찬란했고 길게 고단했던, 사랑하는 내 어머니 오길순, 채계순님께 이 책을 바친다.

그리고 그리는 기행

1판 1쇄 발행 2025년 4월 7일

지 은 이 유혜경
펴 낸 곳 큐아트콘텐츠
펴 낸 이 박주인
표지디자인 심소희
그 래 픽 한 솔
진 행 김다희 엄소완

등 록 제2022-000064호
주 소 경기도 파주시 탄현면 헤이리마을길 48-48, 2층
대 표 전 화 031-944-3394
전 자 우 편 migum70@gmail.com
홈 페 이 지 www.qartcontents.com

ISBN 979-11-970821-3-9

▪ 값은 뒤표지에 있습니다.
▪ 잘못 만들어진 책은 구입처에서 교환하여 드립니다.